とやま キトキト魚名考

蓑島 良二
Minoshima Ryoji

a fount of knowledge
北日本新聞社新書
002

JN303417

【目次】

とやま
キトキト魚名考

アイゴ

藍子

「あい」という柔らかな響きの日本語は「愛」。そして海や空の色「藍」がある。英語の「I」は「我」。魚事典で最初の名はアイゴ。漢字は阿乙呉《あいご》・藍子を当てるが、いずれも文字の意味はない。だが「乙」はイツ・イチとも読み、一説には曲がった小刀とか魚の骨片を表す字とも言われるので、この魚の縁語とみられなくもない。三〇センチほどの磯魚で、背びれ・腹びれ・臀《しり》びれに鋭い毒性のトゲをもつ。ちょっと触れただけでも疼《うず》くように痛む。富山湾内の地方名には、イタタ（新湊）／イタイタ（氷見）／イタダイ（富山）／アイコ（能登）などがある。

東北地方の方言でイラクサ（刺草）のことをアイと呼んでおり、小型のアイザメ（藍鮫）は二つの背びれの前端にそれぞれ一本の強いトゲをもっている。また、ネズッポの別名をアイノドクサリ（…喉腐り）と呼ぶのも毒トゲをもつからだと考えられる。つまりアイゴとは「トゲをもつ魚」ということになる。

温帯性の魚で、山陰地方から西の九州・沖縄などで多く獲れ食用にする。藻などを餌にするせいでアンモニア臭があり、好き嫌いはまちまち。味噌《みそ》煮がうまい。皮を剥《は》いでの塩焼きもよい。この地方の市場には出ない魚だから、釣り人だけの楽しみである。

先住民族アイヌ。自らのことばで、アイヌとは「人」の意味だと言われ、少数民族の哀しい歴史に気持ちが塞《ふさ》がる。トゲのことをアイというのもアイヌ語に由来するらしい。

ほかの魚から身を守るためのトゲをもつアイゴを食べる人間の業《ごう》の深さも悲しいことだ。いつの世も愛は胸の疼《うず》きを伴う。男と女が織りなす恋愛模様もしかり。だが、子どもに注ぐ親の愛だけは痛みを恐れてはならぬ。

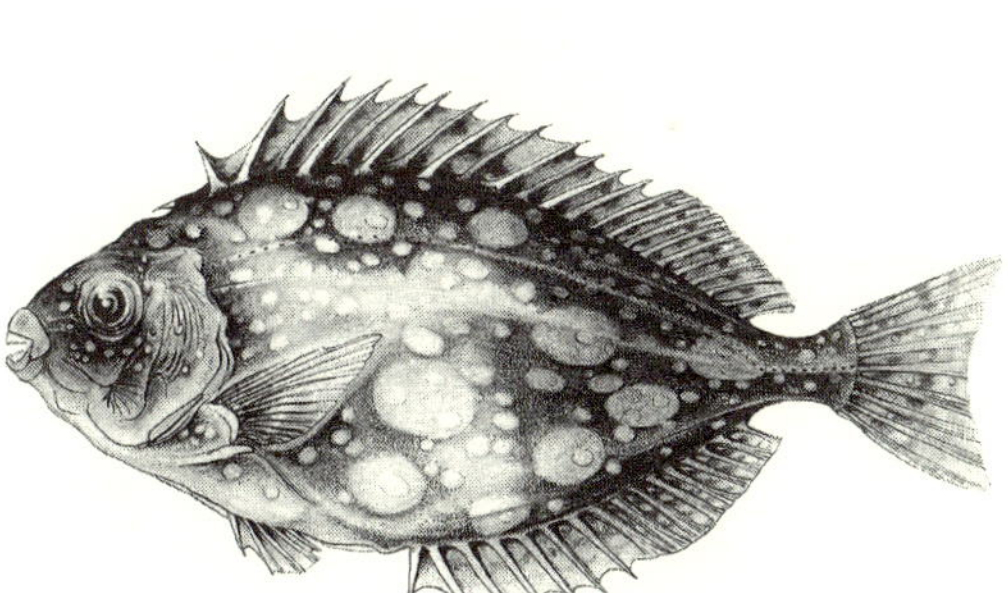

アイゴ（藍子）Rabbitfish　スズキ目アイゴ科

アイナメ

鮎並

富山市には東西二つの四十物町《あいもんまち》があり、昔は魚屋の多い商店街だった。黒部市、射水市にもあったが、いずれも昭和になって新町名に変った。

鎌倉時代から相物屋といえば塩干魚を扱う店のこと。合物と書いた地方もあったらしく、隣国の越後では五十集、佐渡では四十物と書いたという（『俚言集覧』）。県内の珍しい名前に、四十と書いて「あい」と読むものがある。先祖は藍染屋だったという家系を除きルーツはよく分からないが、佐渡または魚との縁がありそうだ。

釣り人に人気の磯魚アイナメは、『本朝食鑑』に「鮎魚女《あいなめ》、阿比奈女、形は年魚《ねんぎょ》（鮎のこと）に似る」などと記載されており、和名には「鮎並」の字を当てる。

魚も女も「な／め」と訓《よ》むが、それを重ねる魚名語尾は不自然である。黄な粉の「な」のような形で、「愛な魚＝愛すべき魚・うまい魚」という意味だろう。

近縁種のクジメ（久慈魚）には大小さまざまな斑紋があり、天然痘や痘痕《あばた》を指すイモグシ・クジという古い方言に由来すると考えている。

アイナメは側線が五本、クジメは一本で区別できるが、湾内では両者をごっちゃにして、シジュウ／シジュウハチメと呼んでいる。シジュウが四十だとすれば「あい」とのかかわりが気になる。「四十（歳）にして惑わず」と言ったのは中国の孔子だが、魚であれ人間であれ「愛」が絡むと話はややこしくなる。

小骨が多く、照り焼き・空揚げには骨切りが必要。刺し身や吸い物にしてもうまい。旬は木の芽どきだと言われるが、一年中うまい魚だ。だとしたら「始終」愛な魚ではないか。愛は永遠のテーマである。

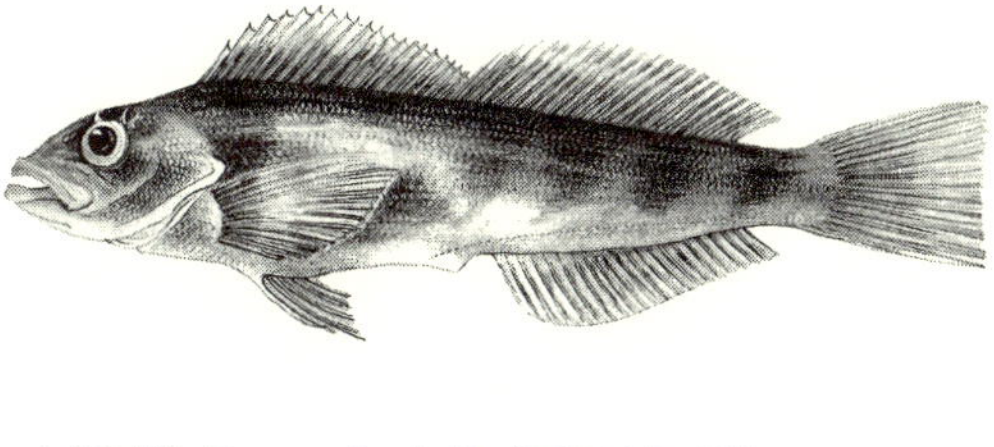

アイナメ（鮎並）Fat cod　カサゴ目アイナメ科

アオリイカ

煽烏賊

「あんまりアオダカスなまん（煽《あお》りたてないでよ）、手もとが狂うチャよ」。アオダカスは「煽る」の意味を強めた他動詞形。扇動する／そそのかす／引っかきまわす…などを意味する富山弁。アダカスと訛《なま》る人もいる。

ひれ全体を小刻みに震わせ、煽るように泳ぐところからアオリイカと呼ばれるが、その和名に当てる漢字「障泥《あおり》」は「泥除《よ》けの馬具」の意味で、騎乗者が足を乗せるところ。本来は「鐙《あぶみ》」と書き「足踏《あぶ》み」の意味だ。

馬を走らせるとき鐙で馬腹を蹴り、煽るようなしぐさをするので障泥を「あおり」と読むが、煽烏賊と書くほうが分かりいい。

水中では透明で、墨袋と眼球だけが黒く浮かんで見えるという。それでミズイカの別名があり、生干しにしたものはミズスルメとして賞味される。

水揚げしたときは灰色で、ひれを広げると芭蕉の葉のようだとしてバショウイカと呼ぶ地方もある。水揚げ後、時間の経過とともに透明感が無くなり乳白色に変わる。したがって、店頭で品選びのときは透き通った感じのものがよく、固く締まっていること、目玉が飛び出ていることなども鮮度の目安だ。

厚くて甘みのある肉質は刺し身が最高。鮨種としても上等だが、ゲソはさっとゆでるか煮付けにしてもいい。皮はむきやすいが、表皮の下の内皮を取らないとかなり固い。そのほか、塩焼き・ウニ焼きなどもおいしいよと、読者をアオダカシテおこう。

昔、大先輩から「銭ちゅうもんは、アオダカスと、減ってゆくもんだ」と言われた。何となく意味は分かったものの、アオダカスほどの銭は当時も今も財布には無い。

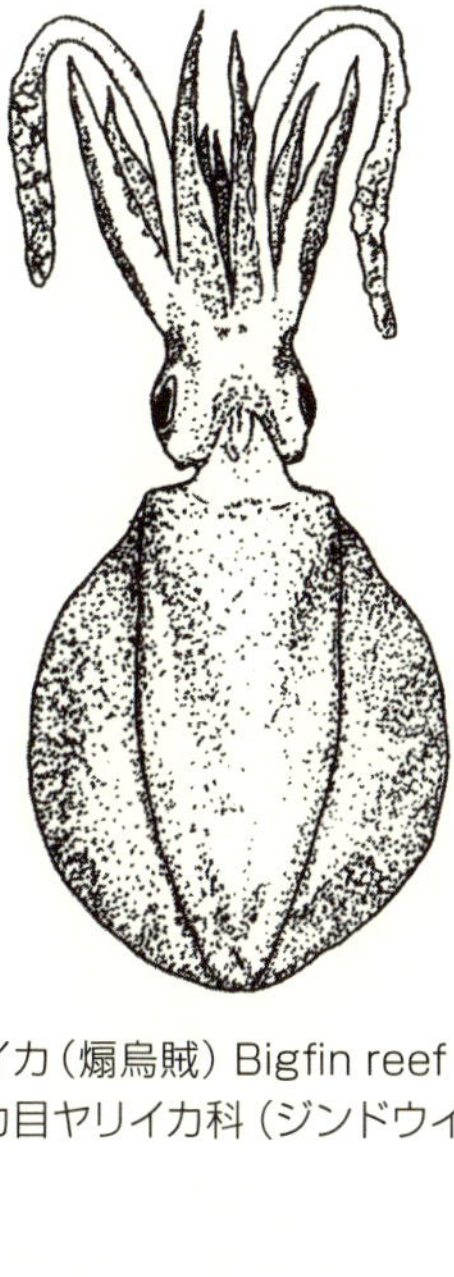

アオリイカ（煽烏賊）Bigfin reef squid
ツツイカ目ヤリイカ科（ジンドウイカ科）

アカムツ

赤鯥

とりかえしつかないことの第一歩　名付ければその名になるおまえ　　万智

現代短歌に新風を吹き込んだ俵万智。妻帯者との恋愛を詠んで話題となり、妊娠・出産を経て新しい切り口を見せる。作品は新生児の命名がテーマ。親を選べない子どもが名前を押しつけられ、否応《いやおう》なしに背負わされる親の因果をさりげなく指摘する。

かつて子に「悪魔」という名を付けようとした親もいたが、魚の場合は地方名を採用するものや、魚類学者の勝手なネーミングのものもある。魚が迷惑がっていることもないだろうが、当人(?)が知らない点では人間も同じ。心したいものである。

アカムツはスズキ科に属し、ムツ科のムツと体型が似ていることから命名された。アカというものの淡い朱色。背のほうがやや濃く、腹部へかけて薄く銀白色に変わる。新鮮なものは造りもいけるが、むっちり脂が乗っており、煮つけがおすすめ。

各地の方言でノドグロというのは口の中が黒いから。この点でもムツに似ている。

湾内では目玉が大きいところからダンジュウロウ（市川団十郎・歌舞伎役者）と呼んだが、今はギョウシン／ギョシン／ギョウスンのいずれか。どれが本名か見当がつかぬ。筆者の好みとしてはギョウシン。同音の漢語に「凝神（精神を集中する）」がある。

子どもの名前に親は願いを託す。流行のものもいいが、クイズもどきで読めないのは困る。字画が多く、難しい漢字の署名に苦労している子どもを見かける。

「名は体を表わす」というが、「名前負け」ということもある。イチローというカタカナの名前は、大リーグの中継で呼ばれ続け、国際語のようだ。

アカムツ（赤鯥）Blakthroat　スズキ亜目スズキ科

アジ

鯵

「風邪をひいて、口がアジナイ。」富山弁で、食べ物や飲み物がまずいことを「味無い」という。アジアジと食べるとは、うまそうに食べること。アジナイ顔しとるといえば、つまらない様子の意味になる。関西弁で、アンジョウ頼むというのは「よろしく／うまくやってよ」の意味。味良く→味よう→アンジョウと変化した。

古来、味の良し悪《あ》しなどからいろんなことばが生まれた。うまい魚という意味の「阿遅《あぢ》（鯵）」は平安時代の国語辞典『和名抄』に登場。万葉集で「あぢ」は鴨《かも》のこと。

中小型がうまい。ほどよく脂の乗ったアジは、叩《たた》きにしても塩焼きにしても美味。むろん、握り鮨《ずし》もいける。そして、小アジの南蛮漬《なんばんづけ》は骨まで愛せる優れもの。近ごろでは、マリネーというらしい。カタカナ語はあまりねー好きじゃなくて…

アジは種類が多く、マアジ、ムロアジ、マルアジ、メアジなど。湾内で獲れるのはほとんどマアジだが、変わったところでは、アジサバメイワシ（鯵鯖目鰯？）なる怪魚がいる。

お魚博士の津田武美さん（射水市）が、各地の漁師さんに頼んで集めた謎の検体四十数尾の内訳は、マルアジ（最多）、ムロアジ（6）、メアジ（3）、オニアジ（2）という結果。つまり怪魚の正体は、マアジ以外のアジ科の魚の漁場方言ということに相成《あいな》った。

人生にはさまざまな出会いがある。数かぎりない魚族。その一匹の魚信《アタリ》に胸が高鳴る釣り人。おっとっとリリースなんて、味なことをするじゃねぇか！釣果《ちょうか》はさっぱりでも、恋女房が、おふくろ直伝の手料理で夕食の支度をして待ってるなんて、ケナルイ（うらやましい）ねぇ。アンジョウやりなはれ！

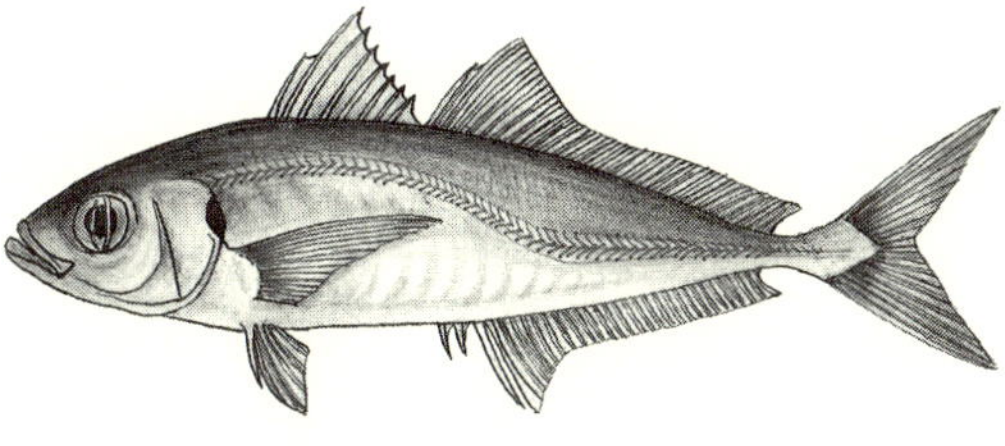

マアジ（真鯵）Yellowfin horse mackerel　スズキ亜目アジ科

アナゴ

穴子

「あれぇ気の毒な、手伝ってもろて助かったわ。ハカいったたチャ」とは、「ありがとう、仕事がはかどったわ」の意味である。

農作業や家の普請など、近隣との労力交換。つまり無料奉仕のやりとりを「結《ゆい》」という。富山弁では、エー／エタガイ（互い）／エガヤシ（返し）などと訛《なま》る。

「ハカいく」は墓へ行くのではなく、作業がはかどること。ハカとは田植えや稲刈りで一人が受け持つ範囲・分量のこと。上代の「一ハカ」は苗や稲株の四列。後世には三列となる。「測る／秤《はかり》」などは、ハカの動詞化／名詞化。

関東で、ハカリメと呼ぶアナゴがいる。秤目である。今ではほとんど見かけなくなった竿《さお》秤の目盛りの列は、金属で象嵌《ぞうがん》されていた。その点線のように、マアナゴの黒い背には白い斑点が並んでいる。

湾内では単にアナゴだが、ほかのアナゴと区別してスジアナゴと呼ぶ。北陸・東北などでハモ／ハムというのは、近縁種のハモとの混称らしく、古語「食《は》む（噛《か》む）」の意味。因《ちな》みに富山市ではヨネズ（夜寝ず）。穴子の名のとおり昼間は砂泥の穴にもぐり、夜になるとほかの魚を狙《ねら》う海底の殺し屋である。

関東人はアナゴ好き。関西はハモと好みが分かれるものの、アナゴのてんぷらは、身近な天丼メニューのひとつ。焼きアナゴの握り鮨《ずし》もご機嫌だ。

大リーグ投手の球速は、マイル表示。キロでないと分かりにくい日本人だが、八世紀施行の大宝律令制度以来の尺貫法を捨てたのはわずか半世紀前のこと。

竿秤を使ってあきなう魚の行商がいたころは、ゆっくりと時間が流れ、町には人情があった。

アナゴ（穴子）Eel blenny　ウナギ目アナゴ科

アマエビ

甘海老

万里の長城に象徴され、異民族との攻防が絶えなかった古代中国。東夷《とうい》・西戎《せいじゅう》・北狄《ほくてき》・南蛮というのはすべて異民族のこと。南蛮は南方の野蛮人という意味で、日本語に導入された。「南蛮渡来」のことばが生まれ、赤トウガラシを南蛮カラシというのもその一つ。方言でナンバ・赤ナンバとも呼んだ。

アマエビをナンバンエビというのは新潟。富山でもトウガラシエビ→トンガラシエビと言ったり、アカエビ／モチエビと呼んだことがあった。和名はホッコクアカエビ（北国赤蝦）だが、今では全国的に市場名のアマエビが主流。

舌の上でとろけそうな薄紅色の身肉。その上品でほのかな甘さは、アマエビのほうがピッタリだ。大ぶりのトヤマエビ／ボタンエビもあり、最近は富山湾の宝石・シロエビ人気に押されがちだが、刺し身の盛り合わせには欠かせない彩りとパフォーマンス。

生食が一番で、茹《ゆ》でたり煮たりするとまずい。子持ちと呼ぶ青緑色の卵は、殻ごとしゃぶって食べるが、ほんとうは塩辛が一番。楊枝《ようじ》の頭ほどの脳味噌《みそ》も集めて珍味に加工するが、プロの領域だ。刺し身にしにくい小エビをペースト状にして、サンドイッチ用パンに挟んで揚げるとうまい。なじみの店の定番メニューだ。

赤トウガラシをがぶりとやれば口中が火事騒ぎになるのは想像がつく。そこで「ナンバ食うた」というのは、まいった・ギブアップという県西部の方言。鬼ごっこなど、子どもの遊びではよく使った。アカシモン（なぞなぞ）のときも同じ。

富山のアマエビを食べた新潟の人が、あまりのうまさに「ナンバ食うた！」とは言わないよねぇ。

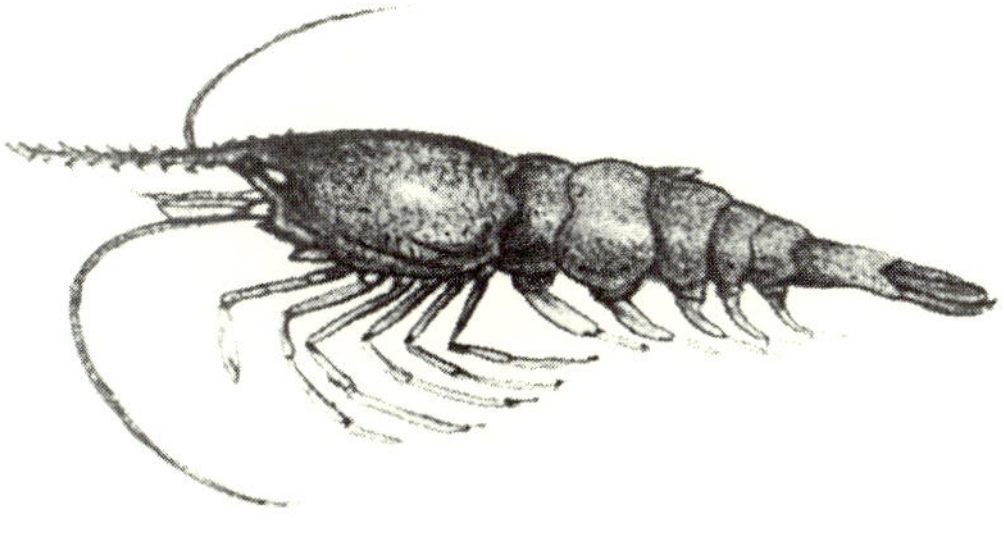

アマエビ（甘海老）Alaskan pink shrimp　エビ亜目タラバエビ科

アマダイ

甘鯛

甘鯛《あまだい》。甘みのあるおいしい魚だが、鯛族とは縁遠い。肉質と優美な姿によるネーミングだろう。おでこが張った顔は愛嬌《あいきょう》があり、中国名は方頭魚。英語ではホース・ヘッド（馬の頭）で、目つきがなんとなく似ている。

北陸から関西にかけてはグジ／グジダイと呼ぶ。身が軟らかく、刺し身に作りにくい。焼いても身が崩れやすいことから…グジャグジャだという意味だろうか。クジ／グシ／グチという地方名もある。

昔、若狭湾の魚を京都へ運ぶとき、長道中のため鮮度が落ちるので軽く塩を当てたところ、アマダイの身が程よく締まった。一塩のものを三枚下ろしにして、昆布締め・酢締めなどにする。伝統の味「ぐじ料理」は若狭生まれの京育ちである。西京漬《さいきょう》もその一つ。西京とは京都の別名。白味噌《みそ》を京都では西京味噌と呼び、味醂《みりん》や酒でのばしたものに切り身を漬ける。アマダイが絶品である。

身の締まった刺し身が好きな越中人にとって、アマダイ人気はいまひとつ。体色から赤・黄・白と三種類に分けるが、富山湾ではアカアマダイだけが獲れる。キアマダイの目の前に縦一本の白線があり、アカアマダイの目の下には三角形の白色斑紋がある。どちらも涙を流したように見える。

サラリーマン時代、会社社長の友人が銀座の料亭で夕食を奢《おご》ってくれた。豪華版で、甘鯛の酒蒸しもあった。味を褒めたら、西京漬を土産にくれた。同席したのは音楽家の中村八大君。両人はクラスメートだが、鬼籍の人。甘鯛は亡き友を偲《しの》ぶ魚である。

魚店《うおだな》の甘鯛どれも泣面《なきづら》に　上村占魚

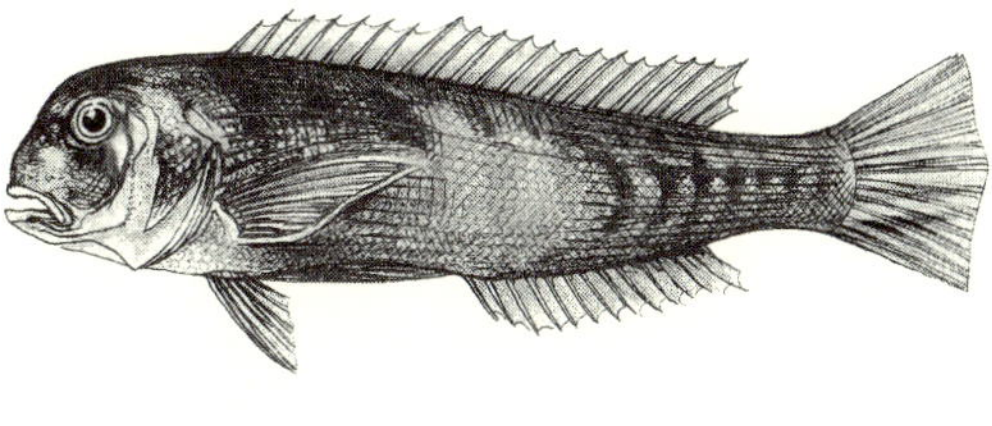

アカアマダイ（赤甘鯛）Red horsehead
スズキ亜目アマダイ科

アワビ

鮑

「喉《こん》」は鎌倉時代の文献に登場する助数詞。魚を一こん、二こんと数えた。一九五〇年ごろまで小矢部川流域で使われていた方言。『砺波民俗語彙』（佐伯安一著）に収録され、『新湊のことば』（市教委編）にはエビを数える単位と書かれている。

室町時代の女房詞で「喉」は魚の代名詞となり、さらに酒菜《さかな》・肴《さかな》の意味になった。そこで、酒のおかず・料理の意味の「こん」から「献立」の名称が生まれたと考える。酒の女房詞も「こん」だが、こちらは「九献」の上略。

上代から神饌《しんせん》（お供え）や宴会の酒菜に干しアワビが用いられた。干瓢《かんぴょう》のように細長く削《そ》ぎ切りにして乾かした保存食。すなわち「伸《の》しアワビ」だが、末永くという意味の縁起物として、贈り物に添える風習が生まれた。これが、「のし（熨斗）」の由来だ。六角形に畳んだ「のし」の芯《しん》みたいな黄色の帯が、その名ごりである。

アワビの語源は「合わぬ身（肉）」の転呼とみられる。二枚貝の片方に見立て、古くから恋歌などに詠まれ、「磯のアワビの片思い」といった調子で片恋の引き合いにされてきた。実は巻貝の一種で、わずかにらせん形の隆起をもつ。因みに魚津の片貝川は片峡《かい》（片側が山峡）を流れる川である。

栽培漁業の一環として放流も行われるが、湾内の漁獲高は少ない。夏が旬で、刺し身が美味。ことに水貝は季節を代表する味である。

「鮑俎《ほうそ》」という語句がある。アワビが神饌となることから、とるに足らぬ俎《まないた》が高い地位にいることの喩《たと》えだ。一流企業のぐうたら社員、親方・日の丸の微温湯《ぬるまゆ》人間、受け皿があれば、のしを付けて進呈したい…と思っているは上司だけではないだろう。

アワビ（鮑）Abalone　原始腹足目　ミミガイ科

アンコウ

鮟鱇

「ダラやダラやと言う者《モン》なダラや、ダラが家持つカカア持つ」。

富山の民話に出てくるダラ（バカ・あほう）は間抜けだが、正直で働き者というのが通り相場。周囲の人からバカにされながらでも、こつこつ働くうちに自力で家を建て、円満な家庭を築きあげるという、現代にも通用する勤勉実直の見本のような男ぶりである。

見た目はバカ面そのもの。大口で醜怪きわまる面相の魚がアンコウ。魚屋では裏がえしに並べてあるのがその証拠で、見とうもない（見たくもない）→みっともない→ミットンナイ→メッタクサイ→メッタクナ顔をしているのだ。

江戸時代の『日葡辞書』に「あんがう・あんかう」とあり、どうやら名前の由来は「暗愚魚《あんぐうお》」のようだ。暗愚とはまさしくダラのことなのである。

生態で特徴的なのは餌《えさ》の取り方。背びれの前方によくしなる細い棒状のものがあって、その先端にひらひらした皮が付いており、光を放つ。これを動かして小魚をおびき寄せ、近づいてきたところを大口でパクリ。

つまりアンコウは獲物をとるために泳ぎ回らないナマクラ者だが、ダラではない。悪智恵に長《た》けたハシカイ（賢い）奴《やつ》なのだ。英語ではアングラー、フィッシング・フロッグ（魚釣り蟇蛙《ひきがえる》）と呼ばれている。日本と中国の贔屓《ひいき》筋はその体型から琵琶魚《びわうお》の名を奉った。

末路は哀れにも鈎《かぎ》にかけられ、吊《つ》るし切りという残忍な方法で切り刻まれるのだが、名代の鮟肝《あんきも》はもちろん、鍋物・煮付けの材料として皮から臓物まで捨てるところがない。いわゆるアンコウの七つ道具である。

ダラにするものがダラという優れものである。

クツアンコウ（苦津鮟鱇）Angler/Fishing frog
アンコウ目アンコウ科

イイダコ

飯蛸

北陸地方は西日本方言の流れを汲むが、当地は〈日本のまんなか富山県〉だけに東西方言が入り混じり、さながら方言のデパート。県内でも東と西の違いが目立つ。

ものもらい（麦粒腫《ばくりゅうしゅ》）のことを東部でイモライ。西部の主流はメボロだった。ボロは古語で「梵論・暮露」と書き、物乞《ご》いをする修行僧のこと。イモライは「飯《いい》もらい」の転呼。県中部ではメ（目）モライという中間型が多くみられる。いずれも「物をもらう」という共通点があり、人から飯粒をもらって呪《まじな》いをすれば、病気が治るという迷信に由来する。隣接する能登や加賀では、明確な言い方のメシモライがあるようだ。

古来、ご飯を「いひ→いい」、話すことも「言ひ」とした。いずれも「口にするもの」で同根のことばだ。冬場のイイダコを煮ると、頭のようにみえる胴体に飯粒のような卵が詰まっているのでその名がある。

昔、イイダコ釣りはラッキョウを餌としたが、最近は白い陶器製の疑似餌《ぎじえ》。ラッキヨウが好物というのではなく、白もの指向が強いらしい。また、イイダコが定宿《じょうやど》とするのはアカニシの貝殻が多いとか。アカニシは身肉とともに殻の内側も赤。彼らは、紅白が好きなメデタイ奴なのだ。湾内にも生息するが、アカニシが特産の七尾湾に多い。

タコを煮るとき大豆や小豆を炊き合わせにするのはタコの足（ほんとうは腕）が豆だらけという洒落《しゃれ》ではなく、相性がよいのだと料理人はいう。

能登でイイダコと小豆の炊き合わせは、欠かせない正月料理だと聞いた。ひょっとしたら、イイ（飯）と小豆は赤飯の「擬《もど》き」で、紅白好きなイイダコは豊年の縁起物なのかもしれない。

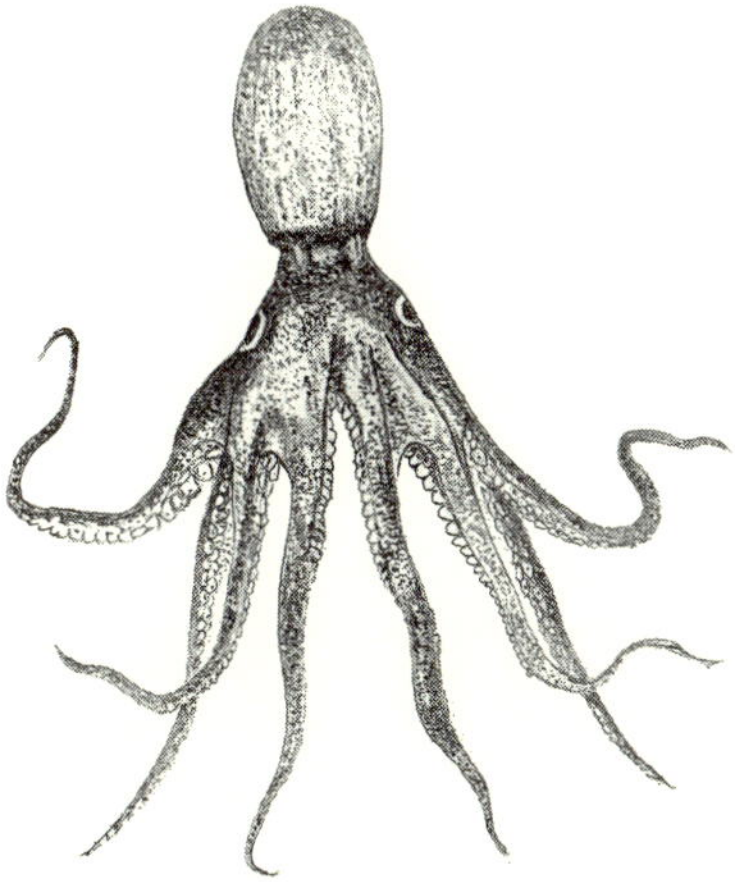

イイダコ（飯蛸）Ocellated octopus
八腕目マダコ科

イシダイ

石鯛

太陽と月に、火・水・金・土の五惑星の名を配した一週間の呼び名は、中国伝来の哲理「陰陽五行説」による。本家の中国では、星期一（月曜）から星期六（土曜）と日曜は星期日。一週間を月曜から始めるか日曜にスタートするかという論議はさておき、日中両国とも「七」はめでたい数字とされる。野球でもラッキーセブン。

幸運にあやかろうとしたのか、イシダイの幼魚は一〇センチぐらいになると七本の横縞《じま》が鮮明になり、各地ではシマダイ（縞鯛）が一般的。縞の数にこだわるむきは、シチノジ（七の字・静岡）、ナナシマ（七縞・島根）などがある（『原色日本海魚類図鑑』）。

横縞は成魚になると消える。縞もようは幼魚を守る迷彩の働きがあるのだろう。

新湊から富山にかけて、ナナキダ／ナナギダイと呼んでいる。「きだ」は古語で、①魚の鰓《えら》。②段、分、切れ目・刻み目を数える語。刻みの「きざ」と同じ根っ子のことば。「きざはし」となれば「階段」の古語。つまり①も魚との縁語だが、②の意味では、七すじの段だら模様ということ。なんと富山弁の奥が深いことよ！

湾内にタカハ／タカバという名もある。「鷹《たか》の羽」のこと。矢羽に用いた尾羽の縞模様と共通点があり、鋭い鷹の嘴《くちばし》とイシダイの強じんな融合歯も、似た者同士というべきか。

好奇心の強いイシダイは遊泳中の人の体を突っついたりするので、チンボカミ（富山）／チンチン（能登）などの珍名がある。

なにせ、門司水族館で亀の甲羅《こうら》に穴をあけたというほどの鋭い歯を持っているのだから、やわらかい亀の頭などは気をつけなくてはなるまい。ご幼チン…否、ご用心！

イシダイ（石鯛）Japanese parrot fish　スズキ亜目イシダイ科

イシナギ　石投

宮中の女官たちが考えだした女房詞は、物の名前の一部に、ていねい語の「お」を付けたものが多い。

おひや（水）、おこわ（赤飯）、おこうこう（漬物）、おつくり（刺し身）、おかがみ（鏡餅《かがみもち》）、いしいし（団子）など。「いし」は美味ということで、うまい団子に目がなかったようだ。「いし」は「おいしい」という形容詞になった。

スズキ科のイシナギとは「美味《いし》な魚《ぎ》」である。誰が食べてもウマイものはウマイ。もし女官たちの口に入っていたらイシイシという女房詞が作られていたかもしれぬ。魚類学者が「石投」と当て字したため混乱したが、語源はこれで決まりだろう。

富山湾ではオイボ。すこし前まではオーヨ／オイヨと言っていたようだ。「大魚《おおうお》」の古語訓《よ》みで、オホイヲ↓オーイヨ↓オイヨ↓オイボの変化。魚の名前も時間の流れを泳いできたようだ。イヲ↓イボの変化は「魚串」の方言、イボグシ・エボグシにもみられる。

　六月初旬に解禁となる朝日町宮崎沖のオイボ漁は、初夏の風物詩として有名だが、近年は漁獲高が減少している。めったに食べられないが、刺し身がうまい。身は淡白で甘みがあって、歯ざわりがよく癖がない。特に皮は酢味噌《すみそ》の味が絶品である。食べすぎにご用心。

　百年以上もつづくオイボ漁。手釣りから竿釣りへと変わり漁具も近代化したが、百キロ超の幻の大魚にかける男の夢は変わらない。

　漢代の『法言・学行』に…「百川、海ニ学ビテ海ニ至ル」とある。海に向かって流れ続ける川のように、努力を重ねれば大業を成しとげることができるという意味だ。

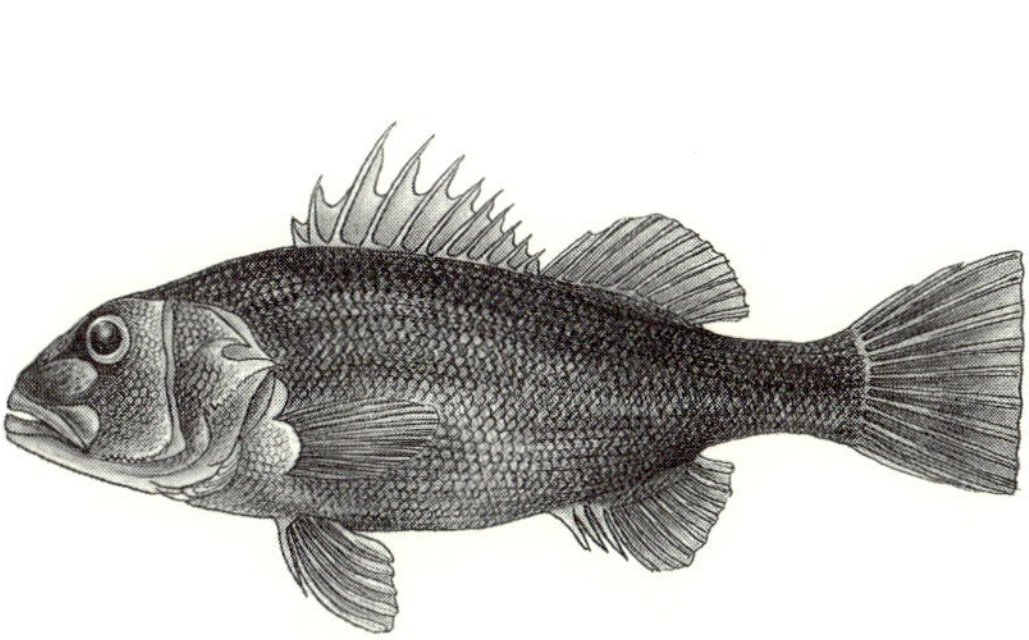

イシナギ（石投）Striped jewfish　スズキ亜目スズキ科

イワナ

岩魚

大国主命《おおくにぬしのみこと》に従って、杉原彦が咲田姫と力を合わせ、越中平野の開拓に奔走したが、無理をした咲田姫は病に倒れ、杉原彦は姫を背負い薬草をもとめてさまよい歩いた。「婦人を背負って歩いた」というのが、地名「婦負《めお》ひ→めひ→めい→ねい」の由来である（越中古代史伝説）。

富山市との合併で婦負《ねい》郡の名が消えた。その中央部を流れる久婦須《くぶす》川の上流が、イワナ釣りの漁場として知られる。

渓流の岩かげなどにいるから岩魚《いわな》。イとエの言い換え訛《なま》りでエワナという人がいるが地方名はない。昔の飛騨方言にササイオ（笹魚）があった。なかなか風流な名前だ。

深山幽谷の釣りだけに、持ち帰って調理するまで鮮度を保つ工夫が必要で、塩を振っておくといいそうな。定番は塩焼きだが、三枚おろしを白焼きにして、照り焼きにしたものを食べたことがある。乙な味だった。

なんといっても骨酒が一番。酒が一リットル以上入る深鉢で作り、回し飲みをするのがこの地方のしきたりだ。超熱燗《あつかん》で作るのがコツ。醤油《しょうゆ》を一滴たらすのもコツ。化学調味料を少量入れるのがコツだという人もいる。

問題は飲みすぎること。酒豪という触れこみの転勤族の若者が洗礼を受け三日酔いになったことがある。まろやかで口あたりがよく、下戸の人もついやりすぎて失敗をする。

昔から「親の意見と冷酒は、あとで効いてくる」と言われるが、この場合も「だから、イワナいことじゃない」と窘《たしな》められないように。くれぐれも「婦負いの大トラ」にならんように、気ィツケラレマセ。

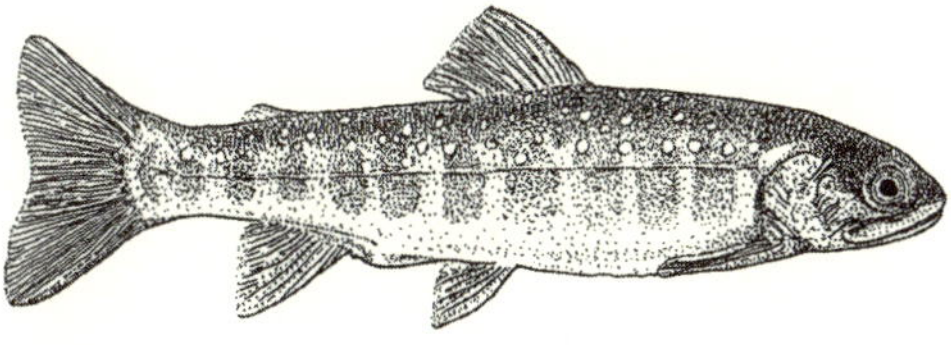

イワナ（岩魚）Char　サケ目サケ科

ウグイ

石斑魚

ウグイには河川や湖沼などに生息する淡水型と、汽水域などで暮らす降海型とがいる。雑食で適応性が高く成長も早い。庄川以東ではあまり食用にしないが、小矢部川中流域で好まれ、春先の風物詩として知られる。

産卵期の四月ごろ、朱の婚姻色が美しく、サクラウグイ／サクラオゴイの名で呼ばれる。コイ科に属するだけに、地方名の後者に親しみを感じる。

水温の低い早春は身も締まっておいしく、刺身を洗いにするほかさまざまに調理する。特に、味噌《みそ》を塗って焼く「田楽《でんがく》」が美味。このあたりでは「レンガク」と訛《なま》る。里芋の串焼きの方言も芋の子のレンガクと呼ぶ。

富山市八尾町出身の元関脇・琴ケ梅の下積み時代のこと。後援会の誰かが、サクラウグイを部屋に送ったところ、全国的にも食べる地域が少ないこともあって「バカにするな」と怒られ、梅関が袋叩きになりそうだったという話がある。

山国では食習慣があるのか、アキワ（秋葉・信州）、オンジ（姫萩の方言・相模）、ハジ（黄櫨《はぜ》・岡山）など各地にウグイの婚姻色をいう美しい方言がある。

『出雲風土記』や『和訓栞《わくんのしおり》』に登場するウグイの語源について『大言海』は「鵜《う》の食う魚《いお》」だろうと書いているが、ほかの「浮く魚」説とともにしっくりしない。むしろ、古語「うぐひ（灸《やいと》のあとの腫《は》れ）」に由来すると見られないか。婚姻色とともに、背部に現われる「追星《おいぼし》（産卵行動で、川底の石などに触れる魚体を守る突起）」と、魚名の「石斑」などが根拠だ。

田舎爺のゴタクなどは「石に灸（効かない＝聞かない）」と言われそうだが…。

ウグイ（石斑魚）Japanese dace　コイ目コイ科

ウナギ　鰻

土用の丑《うし》の日にウナギを食べるのは、江戸時代の作家・太田南畝が考えた「この日に食べれば夏やせしない」というCMによるとか、平賀源内が「本日土用丑の日」の看板を書いた店が大繁盛したなどの話が伝えられる。

土用とは、月に割り当てた十二支の内、丑・辰・未《ひつじ》・戌《いぬ》（旧暦十二・三・六・九月）に含まれ、四季の移行を円滑にするための緩衝《かんしょう》期間のこと。立冬・立春・立夏・立秋の前のそれぞれ十八日間である。

四つの土用のうち、未月の土気の作用が最も強烈で、この時期の火気を弱めるため、水気の「丑の日」をもって呪術《じゅじゅつ》をおこなう必要があったと推理する。

丑＝牛は農耕用の聖獣《せいじゅう》であり、代りに「う」の付く水中生物で、おなじ黒色のウナギを水気の象徴として「水剋火《すいこくか》（水は火に勝つ）」の呪物《じゅぶつ》に選んだと推論する（『陰陽五行と日本の民族』吉野裕子著より抜粋）。

難しい理屈はともかくとして、万葉集の中で家持が「ウナギは夏やせに良い」という歌を詠み「武奈伎《むなぎ》」と表記している。つまり、ウナギの語源は建物の棟木のように長い魚「棟魚《むなぎ》」とみてよかろう。そして〔munagi〕の子音〔m〕が脱落した。栄養価については、上代から認識されていたことになる。

日本固有のウナギは、ニホンウナギとオオウナギの二種のみ。最近ではほとんどが安い輸入養殖ウナギに頼っている。土用の丑の日どころか、土曜日がウナギの日という新婚家庭もあるとか。

中国伝来の哲理・陰陽五行に因《ちな》む「土用の丑の日」の呪術として、中国産の養殖ウナギを食べるのは理にかなっているのかもしれぬ。

ウナギ（鰻）Japanese eel　ウナギ目ウナギ科

ウミタナゴ

海鰱

無名指《むめいし》の別名をもつのは薬指。中国の古典に出てくるところをみると、大昔の外来語のようだ。散薬を水に溶かしたり、煮物の味見などに使う意味の薬指が日本語。懐かしい方言ベンサシユビ（紅差指）は、女性が紅をつけるのに使ったことから。越後ではウミタナゴを、吻《ふん》（唇）がピンク色なのでベニツケと呼ぶそうな。

体色は、黄・赤・緑・青などの混じった褐色から紫色まで、バラエティーに富む。同一種だが生息場所と餌の違いによる。日本海で多く獲れるのは、アカタナゴと呼ぶ赤褐色のもの。ほかにアオタナゴ、マタナゴなどもいるようだが、一般にはタナゴとして区別はしない。

沖合に生息する近縁種のオキタナゴは、ウミタナゴよりスリム。南方系で湾内には少ない。いずれも肉質はやわらかいが美味。焼き物、特に煮つけがいい。

コイ科の淡水魚タナゴと形が似るところから、和名ウミタナゴだが、別種。

語源について「平ら魚《ご》」だとする説は王様のタイ（「平ら魚《ぎ》」の下略）に失礼だ。手の古訓「た」に連体助詞「な」が付いたもので、手のひら大の「手な魚（ご＝呉音）」とみたい。

珍しい胎生魚。親とおなじ形で、三〜七センチの仔魚《しぎょ》を十〜三十匹産む。尻尾《しっぽ》から産まれる逆子《さかご》が多いと言われる。魚博士・津田武美さんの調査で逆子は30パーセント程度とか。

東北地方で《妊婦が食べれば安産》だと珍重。山陰地方では《逆子が産まれる》と敬遠する。

およそ人の運命は神仏の掌《たなごころ》にゆだねられているのだが…誰だ？カアちゃんの手のひらに乗ってるのは！

ウミタナゴ（海鱮）Surf fish　スズキ亜目ウミタナゴ科

ウルメイワシ

潤目鰯

大きな目を覆う透明な膜（脂瞼《しけん》）のため目がうるんで見え、「うるむ目」の略転でウルメと呼ばれる。この特徴をとらえた地方名に熊本のオオメイワシや新潟のダルマイワシがあり、かつて北陸地方ではメグロ（目黒）とかメギラ、ミギラなどと呼んでいた。目がぎらぎらするという意味だろう。

富山、石川ではドンボイワシ。山陰地方のドウキンや若狭のドウマンなどと似ているので、胴／棒の意味かとも考えたが、方言のドンボ／ダンボは、昆虫のトンボのこと。やはり目の特徴を指しているようだ。因みに、トンボは「飛ぶ棒」が語源。

イワシ御三家のなかでは漁獲量が少ない。マイワシより大きくなるものの脂肪分が少なく、刺し身・塩焼き・煮つけなどにされ、中型のものは干物にする。富山県の名産ブランド「氷見の干いわし」の人気は高い。十世紀、平安時代の『延喜式《えんぎしき》（諸規則集）』にも「乾《ひ》いわし」の名があり、古くから親しまれてきた。

ウルメイワシの氷見独特の呼び名はメンチョ。メンチョとは、鳥や虫など小動物の雌に対する富山方言で侮蔑《ぶべつ》的に用いられる。オス→オン、メス→メンと撥《はつ》音化した語幹に、ふとっちょ（肥満）／ぶきっちょ（不器用）などのように、バカにした言い方の語尾チョがついたものだ。

なぜ雌なのだろう？　そもそもイワシは水揚げされると直ぐに死んでしまうところから魚偏《へん》に弱いと書く。マイワシに比べてスリムで脂っ気も少なく、うるんだ瞳をしているからメスだというのか？

人間の世界では女性のほうが長生きで、ちかごろは男性よりはるかに強く、さらに進化しつづけているではないか！

ウルメイワシ（潤目鰯）Big-eye sardine　ニシン目ウルメイワシ科

エイ

鱝・鱏

数億年前に出現したサメの仲間で、泳ぎの得意でないエイは海底に住みつき、砂に身を隠して生活するようになり、平たい体型になったようだ。そこでエイは「瘞《えい》（埋める・隠す）」という漢字に由来するのかと考えてみたが、平安時代の漢和辞典『和名抄』には「衣比《えひ》」と表記されている。布・衣のように平たい魚として「衣魚《えいお》」の転なのかもしれぬ。

エイ類には、ノコギリザメにそっくりなノコギリエイがいたり、サカタザメ・ウチワザメと呼ぶものがいてややこしい。ほかに、カスベを基本魚名とするエイが二十種類もいる。エィ？嘘《うそ》ォ！　と言いたいくらい。

カスベにはドブカスベなど、いかにもダラにしたような名前もみられるので、劣等なものとしての「滓部《かすべ》」か。あるいは「瘡部《かさべ》（おでき）」の意味なのかもしれぬ。県西部で、カスベはコンベなどの方言で呼ばれ、酢味噌《すみそ》で和《あ》えて「なます」にされる。

湾内でふつうに見られるのはアカエイ。エイの仲間では最も美味とされ、煮付けがよい。だがお立会い、痺《しび》れるほどにうまいわけではない。それどころかムチのような尻尾《しっぽ》の付け根あたりの毒針に触れると、痺れを通り越して激痛がはしる。

夏場は産卵のため浅いところへ移動するので、海水浴客などが踏みつけて救急車騒ぎになる。漁師はまっ先に尻尾を切り落とすことにしており、昔はこの毒針を武器として使ったのだそうな。

古来「エイ（良い）に悪いは付きもの」というのが日本の常識。きれいなバラにはトゲがあり、ぼろい儲け話には飛びつくな。欲をかかんと、エイ加減にしとかれ！

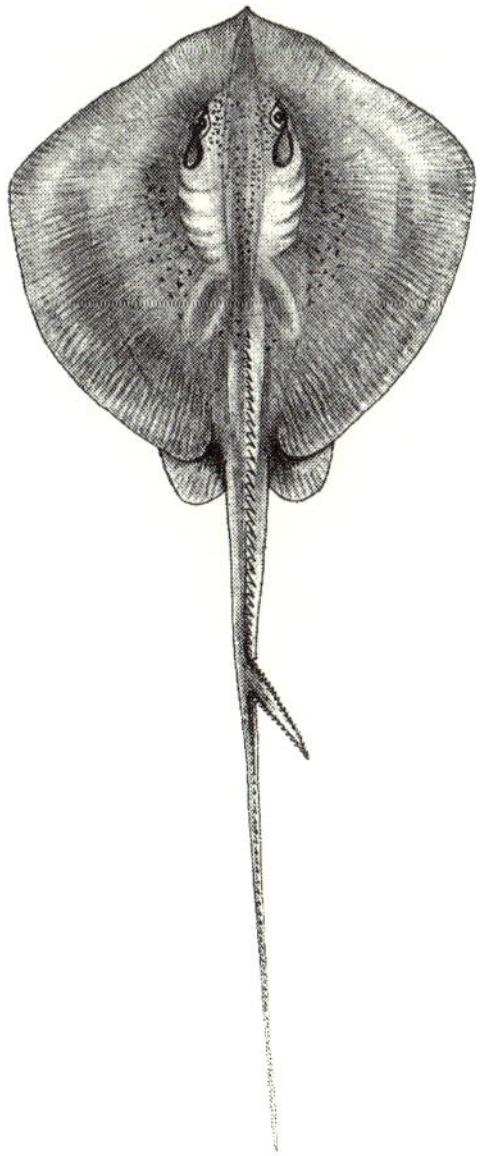

アカエイ(赤鱝・赤鱏) Japanese sting ray
トビエイ目アカエイ科

オコゼ

螣・虎魚

「大変オコガマシイ話ですが」と切りだすのは〈出すぎた・さしでがましい〉ということ。もとは〈馬鹿《ばか》げていて、みっともない〉の意味だった。オコは「痴／烏滸／尾籠」などと書く。尾籠はビロウと音読して〈無作法・汚らしく失礼〉などの意味にも使う。烏滸は古代中国で、おかしな風習のあった南方域の地名（『大言海』）。

朝日町の方言集に、オコマ（うかつな人）。高岡市福岡町ではオコオコする（落ちつきがない）などの収録がある。

この可哀《かわい》そうなオコゼを基本魚名とする仲間は、和名①オニオコゼ②ダルマオコゼ③ヒメオコゼ④ハオコゼ⑤アブオコゼ、など。共通するのは、醜い姿と毒性をもつこと。②は黒部でキズン（鬼神《きじん》の転呼）。③は氷見・新湊でダゴバツメ（団子は餅《もち》に比べ、まずいものの意）。④は氷見でヒイラギ（葉に棘《とげ》のある柊《ひいらぎ》の意）。⑤は氷見でホウカンボ（幇間《ほうかん》坊主＝太鼓持ち）などの地方名がある。

ふつう、オコゼといえばオニオコゼ。浅海で獲れるものは黒褐色で正面から見るとまさしく黒鬼である。姿は厳《いか》ついが味は良く、刺身はフグに匹敵するほど。

オコゼを山の神への供物にするのは、女神が美人に嫉妬《しっと》するのが理由とか。わが家のカミさんもおなじだから、身につまされる。

果樹などの害虫イラガの幼虫などもオコジョ。醜怪な姿で刺されると痛い。長野ではひょうきんな仕草《しぐさ》のエゾリスをオコジョと呼んで、県のマスコットに選定。「信濃太郎」の愛称で親しまれている。

大変オコガマシイ話ですが…それを無断拝借した、富山県民がイラガの幼虫をシナンタロウ（信濃太郎の転）と憎憎しげに呼んでおりましてぇ…。

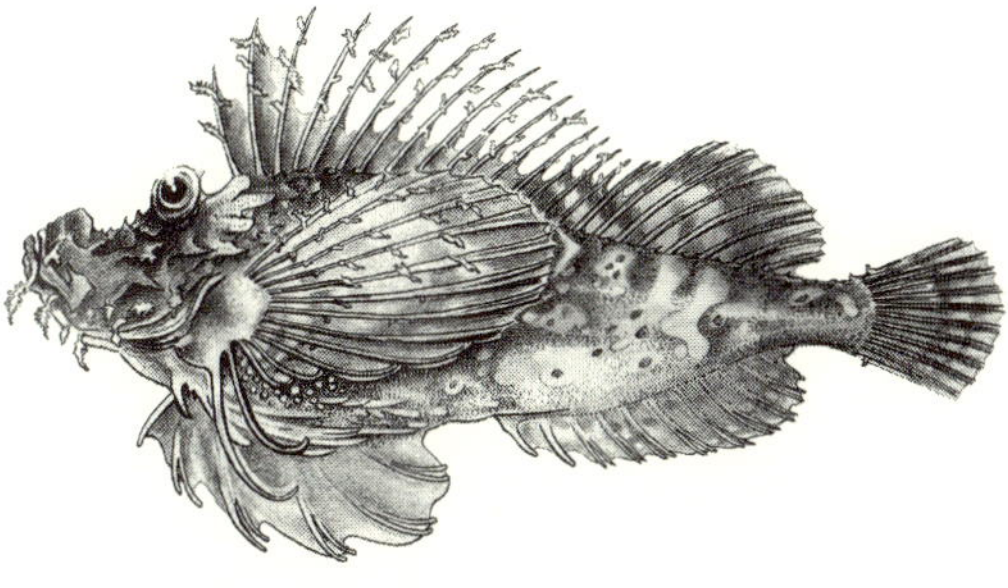

オコゼ（䲢・虎魚）　Devil stinger　カジカ目オニオコゼ科

カサゴ

笠子

小矢部川河口にあった渡船場は、義経伝説・如意渡跡《にょいのわたしあと》として知られる。『義経記』によると、渡守《わたしもり》の役人が山伏姿の義経一行に疑いを抱き「待てしばし」と引きとめたが、弁慶の機転でその場を切りぬけた。歌舞伎『勧進帳』などで、今に語り継がれる。

マテシバシ（三重方言）という魚がいる。被衣《かつぎ》をかざして都大路を練り歩く姫君のような姿はまさに水中の貴婦人。思わず手を出したくなるようなミノカサゴ。ところが背びれに毒腺《どくせん》をもち、刺されるとひどい目にあう。

魚類学者はカサゴに「笠子」の字を当てた。笠《かさ》と蓑《みの》は縁語。ミノカサゴにならピッタリだが…、待てしばし。カサゴの体表にある斑紋《はんもん》を「おでき」の古語「瘡《かさ》」だとして、「瘡魚」が名前の由来なのでござる。

魚津市の古方言、ヒョウタンウオはなぞなぞ遊び。瓢箪《ひょうたん》の形を数字の8に見立て、8＝蜂。つまりチクリと刺すというわけだ。

カサゴはメバル、ソイ、オコゼなどと共に湾内ではハチメ・ハツメと混称されている。ソイの語源は「磯魚《いそいお》」の上下弱化。クロカラ／ソイバチメ／モバチメなどの地方名で呼ばれる。

漁場では、ソイの体色によって名前が異なる。浅場のものは黒一色で、マゾイ・クロゾイ。深場のものは斑紋横帯があり、シマゾイ。

富山では恋愛結婚のことを「なじみ添い・好き添い」と呼んでいる。

九州・四国でミノカサゴを山の神と呼ぶが、女房のことではあるまい。誰でもが手を出す代物ではないから…。マテシバシ！　さわらぬ神に祟《たた》りなし。要らんことチャ言われんぞ。

ミノカサゴ（蓑笠子）Butterfly fish　カサゴ目フサカサゴ科

ガザミ

蝤蛑

「二男はタビで働いとるがです」。「えっ？ 足袋《たび》を作っておられるのですか」。話がかみ合ってない。富山でタビといえば、県外または大都会の意味。また「タビの人」と言えば県外出身者・移住者・転勤族を指す。

タビの人と言われて疎外感や差別と感じる人がある半面、優しい感じに受けとめる向きもある。「大変でしょう」というねぎらいの気持ちが込められているからだ。

渡り歩くカニがいる。ガザミという外国人もどきの名前だが、『字鏡』の「蝤蛑《がざみ》、加左女《かざめ》」や『本草和名』の「擁劔《がざみ》、加左女」など、鎌倉時代から日本国籍を持つ、氏素性正しき一族なのだ。

加左女（カザメ）のルーツは、汗衫《かざみ》（殿上で着る童女の正装）のすそが菱《ひし》の稜《かど》のように尖《とが》っており、甲羅の形がそれに似るところから。

和名はガザミだが、ワタリガニ科に属し通称も渡り蟹《がに》。人目をはばかる渡世人らしく夜行性で、日中は砂や泥をかぶって昼寝をする。日が暮れると第五脚先端のヘラを使って泳ぎ回り餌を探す。自力または潮流に乗って遠くへ移動するので渡り蟹と呼ばれる。

富山ではオツケガニ。みそ汁や鍋物の具にされる。良い出汁《だし》が出るからで、逆に言えば茹《ゆ》でると味が逃げてしまうことになる。塩をたっぷりまぶし、蒸して食べるといい。俗にミソと呼ぶ肝膵臓や卵巣がうまい。

オツケは、ご飯に付けるものという女房詞。オミオツケと言えば格好がいい。オミは味噌の「み」に「お」を付けたもの。近ごろのカタカナ語や短縮語の横行ぶりは目に余る。もう少しことばに気をおつけ！

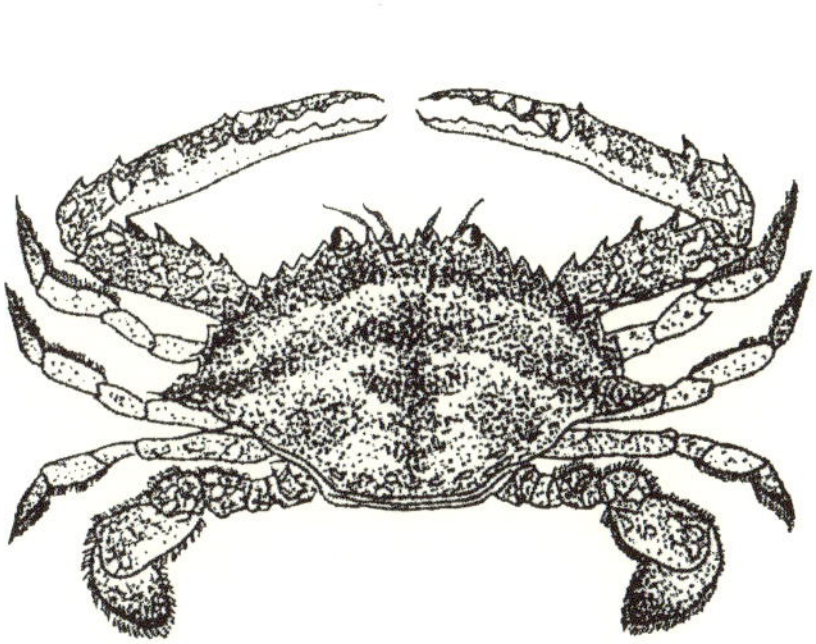

ガザミ（蝤蛑）Swimming crab　エビ目ワタリガニ科

カジキ

旗魚

刺し身を昆布で〆るのは越中人の常識。カジキ（サス）の昆布〆が大将格。山菜などにも広く応用する。一世帯あたりでは、全国平均の二倍もの昆布を購入するという。また、新鮮な魚介が豊富にありながら、カジキの国内消費量の20パーセント近くを県民の胃袋に収めているのも特異な現象だ。

カジキとは木造船の船底部分の名称で、江戸時代には「加鋪・荷敷」などと書いた。魚網が発達するまで、この魚を獲るのは突《つ》きん棒漁だった。船の上から銛《もり》で突いて仕留めるが、泳ぐ力が強く、暴れたひょうしに鋭く尖った吻《ふん》（上唇）で、漁船の側板を突き刺すこともあったようだ。

関西・四国の地方名はカジキトオシ。つまり「突き通す」意味で、湾内の漁師たちは「刺す」と呼んだ。サス／ザス／サシ／ザシと四通りの言い方がある。

冷蔵庫もなく、天然の氷しかなかった時代。魚の鮮度を保つのはむつかしく、輸送手段も限られていた。そこで、昆布で〆ることを思いついた先人の知恵はすばらしい。昆布〆には脂の少ない白身の魚が適しており、水分の多い魚には絶好。「鱈《たら》の子付け」は自慢の郷土料理だが、前処理として水気の多い鱈の身を昆布で〆ないと真子《まこ》がうまく付かない。

北前船によって北海道からもたらされた昆布は滋養食品としてすぐれもの。日本の鎖国時代に沖縄は琉球と呼ばれ明国との貿易が可能だったことから、かの国の風土病に効く昆布を輸出し、代わりに生薬の原料を輸入した越中商人がいた。昆布の消費量が全国第二位の沖縄は長寿県。やがて富山が長寿王国として脚光を浴びる日が来るだろう。サスれば、越中おわら節ではないが「♪おまえ百まで、儂《わし》ぁ九十九まで…」。すべて先祖のお陰である。

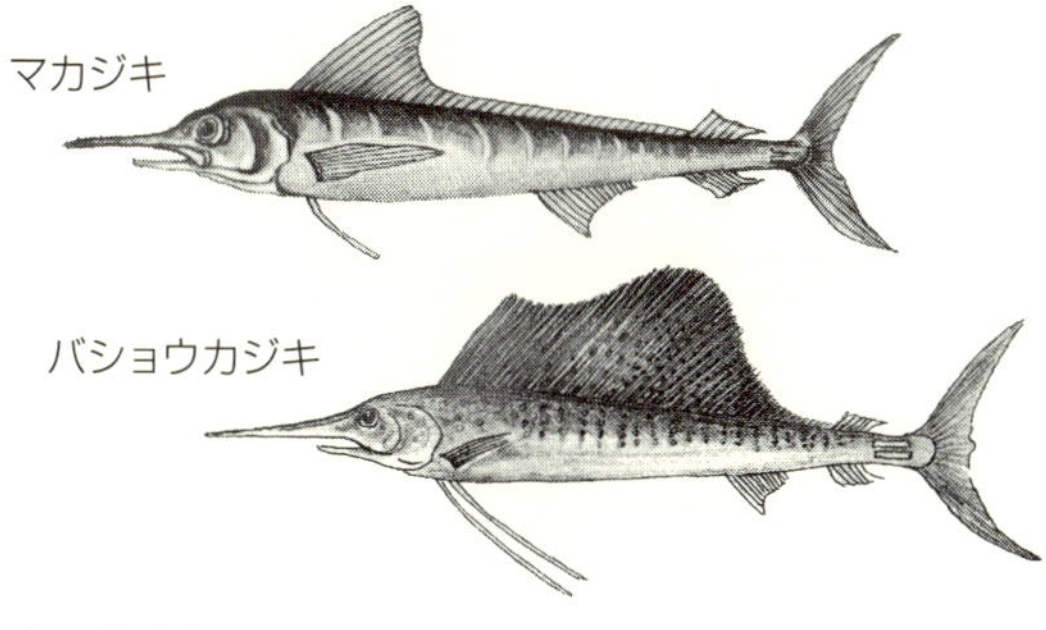

カジキ（旗魚）Marlin　カジキ亜目マカジキ科

カタクチイワシ

片口鰯

「ダラめ！」。人称などの後に付く「め」は、相手を見下げていう語。「あいつめ」「畜生め」など。下手くそ、弱虫という意味で相手を卑しめる富山方言「ヘシコめ／ヘスコめ」がある。ヒシコ（イワシ）のことだ。そもそもイワシの語源は「弱し」に由来する。和製漢字で魚偏に「弱」と書くように水揚げされるとすぐに死んでしまう。

ヒシコイワシは和名カタクチイワシ。吻端《ふんたん》が丸くて大きい。下あごが、上あごより著しく短いので片口と呼ばれる。北陸・山陰地方の方言が和名になった。

新鮮なら、刺し身・塩焼き・煮付けとなんでもござれ。郷土料理の「酢入り（煮）」や「すり身」にもされる。人間ばかりか、釣り餌としても珍重され、カツオ一本釣りの生き餌に欠かせないものとして各地に畜養場がある。

湾内では定置網で捕獲され、幼魚はシラスとして利用。その上は煮干にされ、正月の「ごまめ（田作り）」を作る。成魚はメザシ。

明治天皇が北陸巡幸のおり、現在の黒部市三日市でカタクチイワシのヌタ（饅）を食べられ、ことのほかお悦《よろこ》びになられた（『わが生地今昔』川端つか著）。そのころの方言ではゾンカイワシと呼んだらしい。

ヒシコに当てる漢字は「鯷」。昔の中国ではナマズのことを指した。平安時代、「是」と書く字をヒシコに当てたわけを考えてみよう。是非とは、良い（善）と悪い／正と不正／当と否のこと。つまり「是」は良または正、そしてOKの意味で、ヒシコを「良い魚」だと認めたからではないだろうか。

ヒシコの由来は「干小鰯《ぼしこいわし》」の転呼。弱虫やドジなどの意味はない。

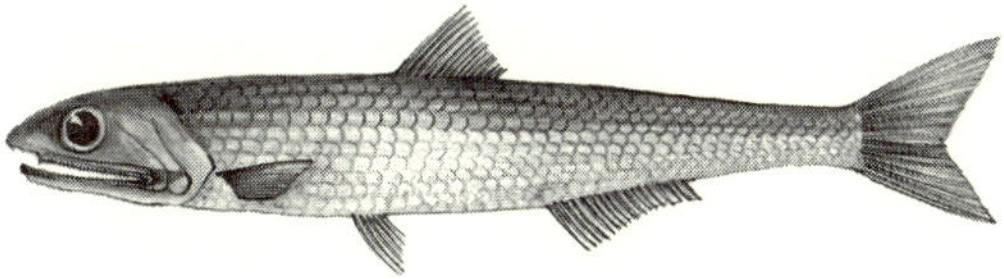

カタクチイワシ（片口鰯）Half-mouthed sardine
ニシン目カタクチイワシ科

カツオ

鰹

江戸っ子が「女房を質に入れても食いてぇ」と言った初鰹。湾内には夏から秋にかけて回遊するが漁獲量は少ない。こまめに鮮魚店通いをしていても、地物に出くわすチャンスはめったにない。地方名はマガツオ、ホンガツオ、マンダラなど。マンダラとは腹部にある四本の縦縞《たてじま》などを指す「斑《まだら》」の転呼。

富山で、単にカツオといえばマルソーダガツオ。ソーダガッツォと呼び、漁獲高は一千トンを超える。生食はせず、煮つけのほか宗太節《そうだぶし》に加工する。ほかに、ヒラソーダガツオが秋口に獲れ、デブガツオ／デブガッツォと呼び、刺し身で食べる。身はやや硬いものの美味である。

全魚類中、カツオは最高の泳力を誇る。毛細血管が発達、物質代謝を活発にして運動能力を高めている。血合い肉が多いのはそのためで、生きている間は泳ぎつづける。

カツオの語源は古くから論議されてきた。鰹節に加工されたから、カタオ（堅魚）

に由来するというのが大方の意見。だが、石器時代にも食べられていたようだし、神社の棟木《むなぎ》に乗る鰹木の歴史も古い。

仮説だが、カツオの語源はカテ魚《いお》の転と推論する。その一、「糧《かて》」は古代の携行食・保存食の意味であり傷みの早いカツオを茹《ゆ》でて生節《なまぶし》や鰹節に加工した。その二、「糅《か》て（まぜ）る」とは、分量を増やすため加えることで、混ぜご飯は「糅飯」。単に「かて」と言った。昔の漁村で米は貴重品。豊漁のとき、カツオの身を糅飯にしたから「糅魚」ではないだろうか。

雑穀入りのご飯や代用食を食べていたのは、わずか半世紀前。賞味期限切れで捨てられるコンビニ弁当が切ない。

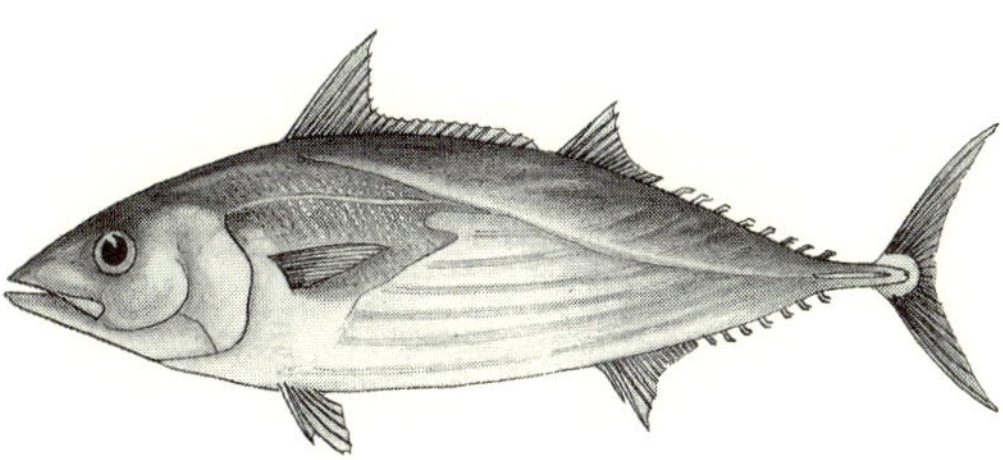

カツオ（鰹）Bonito　サバ亜目サバ科

カマス

魳

相手に何かをしかける／強い衝撃を加えることを「かます」と言う。スポーツ・格闘技の慣用語に「ぶちかます」がある。俗っぽい言い方の「屁《へ》をかます」や「奴に一発かまされた」となると、だます／ごまかされたという意味にもなる。

魚を寄せるための撒《ま》き餌《え》は「こませ」。これも「かます」が変化したもの。ある動作を「する／やる／与える」といった意味で、上方風の荒っぽい言い方「やってこましたろか」などの「こます」の名詞形。この場合は、釣りや網漁の対象となる魚をだましておびき寄せるわけだ。

魚名、カマスは叺《かます》の意。その昔、蒲《がま》を編んで作った簀《す》（すのこ＝敷物）を蒲簀《かます》と呼んだ。後に、稲わらでむしろを作り、二つに折って左右を閉じ、袋状にして穀物や塩などを入れた。叺は国字で「口をあけて入れる」という会意文字。つまり、カマスの口が大きいことからのネーミングである。

湾内にはアカカマス（秋〜冬）、アオカマス（夏）、ヤマトカマスなどがいて、区別をしないで「カマス」一本。漁獲量の多いアカカマスをホンカマスということもあるという（『原色日本海魚類図鑑』）。旬のアカカマスは脂が乗っておいしい。「秋カマス、嫁に食わすな」という諺《ことわざ》どおりのすぐれもの。干物などもおいしい。

　サメよりも凶暴で、人間すら襲うというバラクーダ（英語名）はオニカマス。幸い、日本近海にはいないようだが、身肉は毒性まであるという。

　日本列島も核とテロ、凶悪犯罪や麻薬の脅威にもさらされている。強力外交をぶちかまして国民を守ってほしいものだ。

アカカマス

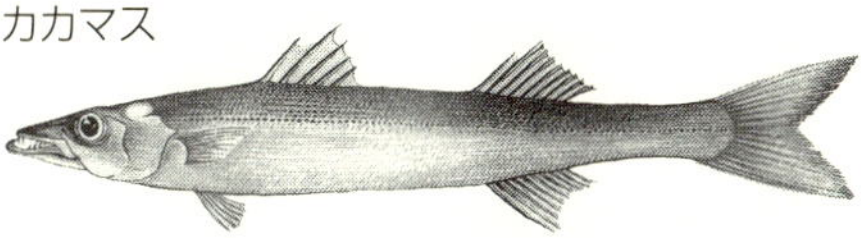

アオカマス

カマス（魳）Barracuda　ボラ亜目カマス科

カレイ

鰈

越後の良寛さまが子どものころ父親に叱られ、恨めしそうに上目づかいで見あげたとき、「親を睨《にら》んだら鰈《かれい》になるぞ」と言われ、本気で悩み、海辺をさまよい歩いたという逸話がある。和名オヤニラミという、スズキ科の淡水魚がいることを、知るはずもないのだが。

カレイが孵化《ふか》したときの眼は左右相称で、成長につれて片方の眼が移動する。有眼側を上にして海底に横たわるようになり、裏側の色素が消えて白くなるのだという。

カレイは同科の魚の総称。その語源は鰈《えい》に似る魚の意味らしいが、朝鮮海域に多いので「韓鰈《からえい》」の縮転だとする説があり、漢和辞典にも「鰈域《ちょういき》＝朝鮮の別名。近海でカレイが多く取れるのでいう」と記載。『大言海』は痩《や》せこけた意味で「槁鰈《かれえい》」説。平安時代の『和名抄』は「加良衣比《からえひ》。俗称、加例比《かれひ》」と表記する。

日本近海に百種類を超すといわれるカレイ類。湾内で獲れるものを列挙する紙数はないが、背面に固い突起物のあるイシガレイとマコガレイは冬場の投げ釣りで人気。マコガレイを本物という意味で、マガレイという人がいる。別に和名マガレイもいるのだが…。県東部ではアカガレイと混称しているようだ。

無眼側が内出血したように赤みを帯びるアカガレイが知られる。煮つけ・干物がうまく、刺し身にもする。メイタガレイは眼の間に突起があり「目に触れたら痛い」という意味。地方名は、クチボソ（新湊）／ウソ（岩瀬）／タバコガレイ（滑川）など。

そういえば昔、おちょぼ口で冗談の好きな娘が近所のタバコ屋に居たような気がする。

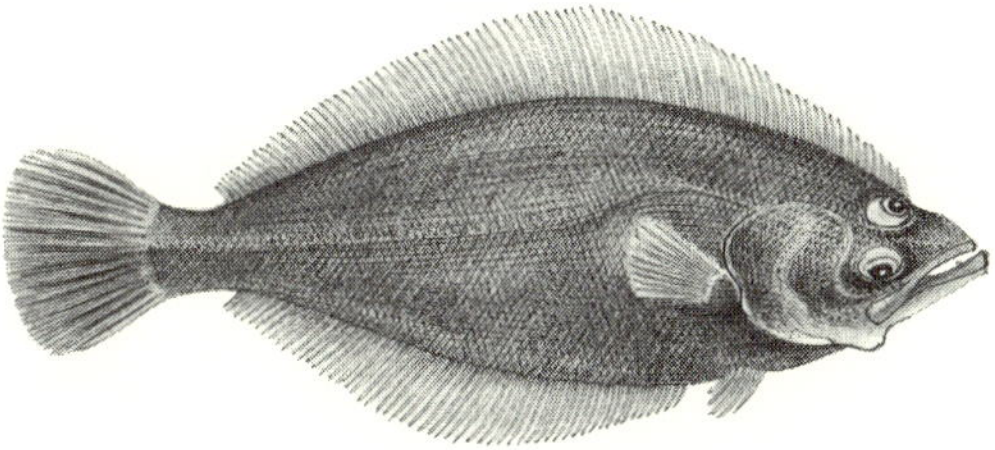

アカガレイ（赤鰈）Red halibut　カレイ目カレイ科

カワハギ

皮剥

宝くじや公営ギャンブルからパチンコまで、射幸心をいだくのは俗人の常。昔は賭場《とば》に出入りすると有り金をはたいたあげく、身ぐるみ剥《は》がれて放り出されるのが落ちで、賭け事をする人はバクチコキとして軽蔑《けいべつ》された。コキは「…する」の卑語。

和名カワハギは「皮剥」と書く。口先に包丁を入れると、丈夫な皮はペロリと剥がれる。つまり丸裸にされるわけで、漁師ことばはバクチコキ。

方言としての主流はコウモリダイ。きょとんとした丸い目とグロテスクな体皮のようすから、ほ乳類のコウモリのようだとする。コンモリ／コンゴリ／タイコングリなどと変化するものの、分厚い皮による「甲籠《ご》もり」などの意味でもない。

馬の顔のようだとするウマヅラハギも湾内で冬場に多く漁獲される。《魚津寒ハギ》としてブランド化したが、特に大型のものを《如月王》と命名し喧《けん》伝している。

大型種のウスバハギを氷見・新湊でアンカンというのは、沖縄方言の安閑坊主

（剃髪僧《ていはつ》）や、安閑ぺろり（うっかり者・佐渡／島根）など、「つるり・ぺろり」という擬態語との共通点がある。

また、センバともいう。表面に小突起のある「おろし金」のことで、昔は千歯と呼んだ。カワハギの皮膚のざらざらした感触に当てたもの。どこかの国では鑢《やすり》の代用にしているとか。

カワハギは締まった肉質で刺し身が美味。煮つけもいい。肝臓は肝をつぶす（びっくりする）くらいうまい。新鮮なものは肝酢《きもず》で。

釣り人にとっての好敵手。魚信は、まことに繊細微妙で餌《えさ》盗り名人。肝に銘じておくがいい。

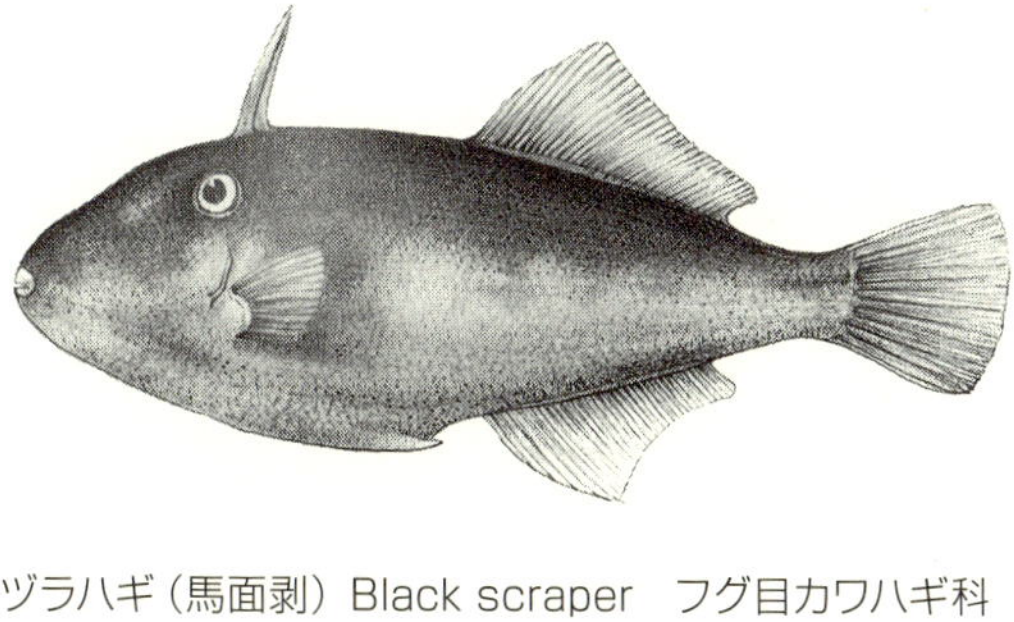

ウマヅラハギ（馬面剥）Black scraper　フグ目カワハギ科

カンパチ

間八

江戸前鮨の看板をよく見かける。江戸前とは江戸の前の海、芝や品川あたりで獲れた魚のことだが、江戸風の意味にもなる。されど、上方前はない。男前はあるが女前もない。いなせな江戸っ子気質を地魚の生きのよさに当てたことばなのだろう。

やけのヤンパチとは自暴自棄・やけくそにになることだが、やけの勘八ともいう。方言としてのカンパチは、「暴れん坊・向こう意気が強い・いばる」などの意味。中部以西の各地で言われる。富山弁はヤケンパチ。

ブリのなかまのカンパチは、吻《ふん》から眼をとおって背鰭《せびれ》の前方に至る黒色帯があり、正面からは「八」の字に見えるとして、由来は「間八」だという説がある。しかし「間《かん》」の字音がどうもしっくりしない。むしろ、眉間《みけん》にしわを寄せたきかん坊の「勘八」のほうが似つかわしい。東京の鮨屋で人気のカンパチは、味もさることながら、その撥音《はつおん》の語感が、べらんめぇ口調の江戸っ子気質に合ったのではないだろうか。

富山湾内ではヒラマサとごっちゃにして、シオノコ↓ッショノコと呼ぶ。潮の子だろう。

鮨屋では、ほとんどがカンパチ。近県でアカハナ・アカバラというのは、近縁種のブリに比べて体色が赤みを帯びているから。

身もと調べはともかく、ブリの幼魚のフクラギやハマチに比べても断然味がいい。夏場の二〜三キロのものが良いとされる。湾内の盛漁期は十〜十二月。ぐんと身がしまって、キトキトの眼をしたやんちゃ坊主のような面つきだ。

「勘八」賛美派の一句。

勘八の刺身や小言聞き流し　　中坪達也（富山市）

カンパチ（間八）Ruder fish　スズキ亜目アジ科

キジハタ

雉羽太

領布《ひれ》とはヒラヒラするものの意味で、上代から平安時代にかけての女性の装身具。首にかけ左右に長くたらす布。魔よけの意味で、別れのときなどに振ったという。魚の鰭《ひれ》もヒラヒラするという点では同じこと。ところが日本最古の書物『古事記』のなかに「鰭《はた》の廣物《ひろもの》、鰭の狭物《さもの》（大小とりどりの魚）」として、鰭を「はた」と読ませている。つまり「端《はた》」と同根のことばで、周りのもの＝鰭という意味になる。したがって和名マハタに「真羽太」という字を当てるが、ハタの語源は「ひれ」の特徴を指すようだ。江戸時代の百科事典『和漢三才図絵』などに、マハタを「鰭白魚（はたしろ）」としており、「端白」と書く図録もある。

キジハタは茶褐色の地色に眼径ほどの橙《だいだい》色の斑点が散在する。そのようすを雌の雉《きじ》に見立てたもので、県東部ではヤマドリ（山鳥＝キジの一種）とも呼ぶ。西部では斑点の類推から、アズキ（小豆）ハタともいう。

また、アカラ（赤鯇《あかあら》の転。あるいは、ラが「赤ら顔」のような接尾語として「あかいもの」の意）のほか、アコウ（赤魚の転）などの呼び名がある。

アコウは西日本の広域方言で、関西ではアコウ料理として人気が高い。また、マハタを含めてカケバカマ（掛袴）という。マハタの縞模様からの連想で混称。

氷見～能登では、ヌメヌメしたようすからナメラバチメ。夜行性であることから、ヨネズ（夜寝ず）とも呼んでいる。

近ごろ、夜も寝ずに車で暴走するダラどもがいる。まったくハタ迷惑な奴らだ。昔は、夜の目も寝ないでハタらく人が大勢いたものだったが…。

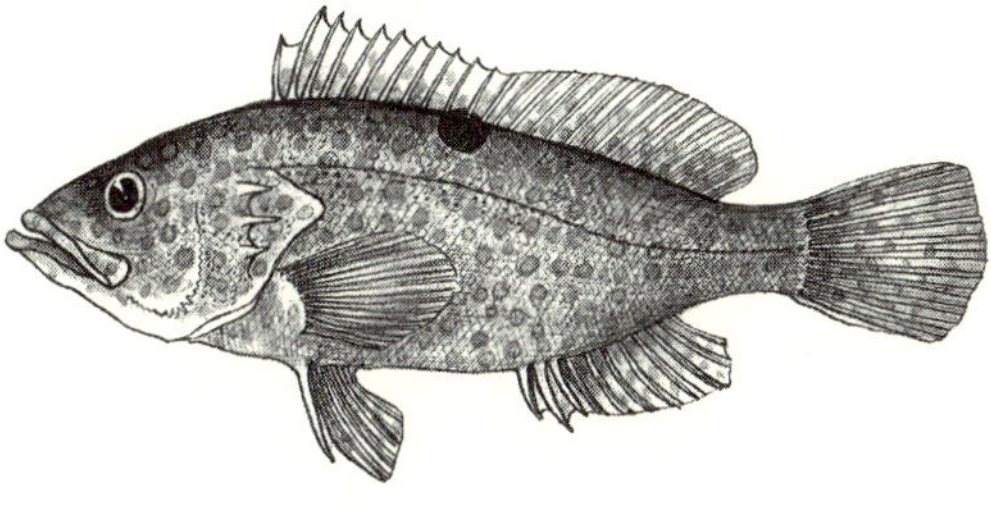

キジハタ（雉羽太）Red spotted grouper　スズキ亜目ハタ科

ギンポ

銀宝

包丁《ほうちょう》の富山弁はホイチャ。越中チャーチャー弁の面目躍如だ。昔はどこの家庭にも出刃包丁と菜切包丁がそろっていた。今では万能包丁が一本だけ。それどころか「包丁は一度も持ったことがない」という魔法使いのような奥さんまでいるらしい。

ギンポという二〇センチ前後のぬめぬめした魚がいて、西日本ではウミドジョウの異名がある。また各地で、カミソリウオ（剃刀魚）、カタナギ（刀魚）、ナギナタ（薙刀）、テッキリ（鉄切）などと呼んでいる。

湾内ではナキリ／ナギリ／ナキル。これは菜切包丁の意味だろう。ほかにナガイボ（長魚）とサジ。サジは近縁種のナガヅカ（長柄）の呼び名。ウツボのこともサジと呼んでいるが語源は不明。ちなみに、北関東では大ウナギのことをサジと呼んでいる。まったく、サジ加減が分からない。

地方名に共通するのは、刃物や刃物の柄《え》を意味すること。体型に由来するわけだが、ギンポの背鰭《びれ》は短いトゲが連なり、不用意に掴《つか》むと手を切ることがある。

肝心の和名ギンポは「銀棒」が語源だろう。関東・甲信越に「車軸・独楽《こま》の軸」をいうギンポーがあり、「硬直」を意味する東北方言もある。この魚は、死後硬直するそうだ。

富山で食膳に上ることはないが、東京人だけは好んで食べる。煮ても焼いてもうまくないが、てんぷらにすると独特の風味がある。

旬は早春から桜が散るころまでとか。ウナギを捌《さば》くように目打ちをして背開きにする。

素人の手におえないから、プロの料理人か魔法使いの奥さんに頼むしかない。

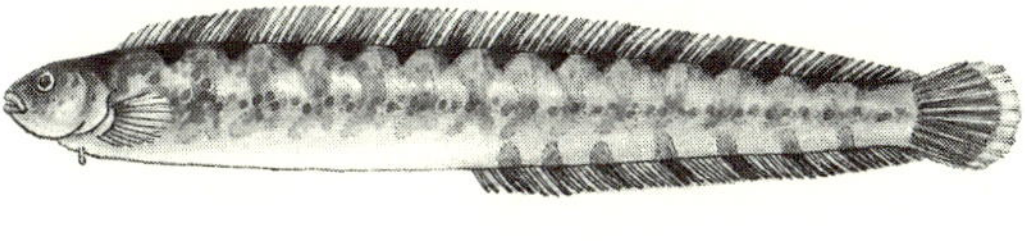

ギンポ（銀宝）Blenny　ゲンゲ亜目ニシキギンポ科

クラゲ

水母

富山弁でご飯のしゃもじ（杓文字＝女房詞）をハンガイ（飯匙）と呼ぶ。ガイは「貝」のこと。昔は実際に貝を使ったからで、匙の字を当てる。本来、匙の読み方は「シ」または「ジ」で、茶に使うから茶匙《さじ》。医者が使うのは薬匙《やくじ》。「匙《さじ》を投げる」とは、薬も効かない、医者もお手あげということになる。

中華料理の前菜のクラゲは好物で、店ごとの味付けが楽しみだ。淡白な食材だけに料理人の匙加減がものをいう。食用になるのはエチゼンクラゲとビゼンクラゲ。

クラゲの初見は『古事記』。日本列島誕生の神話に「国土が固まらず、浮き脂みたいで久羅下《くらげ》のように漂っているとき（訳文）」と記されている。

ゲは、魚《ぎょ》→ギ→ゲと変化した魚名語尾と考える。なにしろ、神様がおっしゃったことだから勝手な推理は控えるべきだが、クラのほうは、クラクラ／グラグラという擬態語《ぎたい》に由来するのではないだろうか。「比べ侘《わ》ぶ（扱いにくい）」という古いことばもあるのだが…。

クラゲに当てる漢字は水母・海月。前者は中国伝来らしいが、こんな短歌がある。

やわらかな春の日射しをあびながら水母は今日も
海を生んでいる　　　武藤義哉

なんとなんと、クラゲは「海の母」だったのだ！

後者の由来は『倭名抄』に「海月。貌《かたち》は月に似て海中に在り、故《ゆえ》に以って之《これ》を名づく（訳文）」とあり明快だ。

「クラゲの骨」とは世に無いものの喩《たとえ》だが、信じられないような少年犯罪や非行があとを絶たぬ。大人のほうも、外国人タレントに骨を抜かれたオバ様たち。クラゲのように腑《ふ》ぬけの男たち。こんな世相がどこまで続くのか？　世直しの神様も匙を投げたくなるチャ。

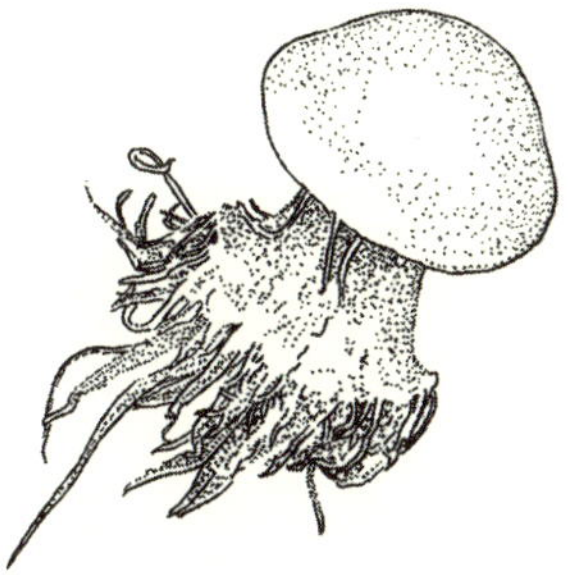

ビゼンクラゲ（備前水母）Edible jellyfish
根口クラゲ目ビゼンクラゲ科

クロダイ

黒鯛

越前若狭はオチョキン。加賀はオッチャンする。越中の新川地方はオチンチンをかくという。福井県民が金を貯《た》め、富山の人がお行儀悪いわけではない。また、チャン・チョン・チンなどの語感で、あちらの方へ気をまわすのも困る。すべて正座すること。

富山湾内でチンコ／チンダイというのはクロダイ。原形はチヌで、昔の泉州（大阪府堺市付近）茅渟《ちぬ》湾でクロダイがよく獲れたことによる。チンコは「チヌの子」である。西日本でカイズ・ケイズと呼ぶのも、茅渟湾岸の地名・貝津《かいづ》に由来するようだ。氷見から能登にかけてカワダイというのは、河口付近の淡水域にも適応し生息するから。

体型はマダイに似るが体色は銀黒色。幼魚は黒い横縞《しま》があり成長につれて消える。赤ダイと呼ばれる人気のマダイにあこがれるのか？　雄として成長する幼魚が雌雄《しゆう》同体を経て、雌に転換するものが多いとか。それでも体色が赤くならないと不満顔でマダイにくらべ口が尖っている。体色の似たヘダイは頭部が丸みを帯びており、簡単に区別できる。いずれも美味。

葬儀のとき「色を着る」というのは白などの喪服をつけること。天皇が父母の喪に服すときの着衣「にび色・薄墨色」に由来する。黒は万国共通の喪の色でもある。黒豆のおこわを御霊《みたま》と呼び、法事などで食べるしきたりの富山だけに、クロダイを売り込むチャンスは十分にあるはずだ。

近ごろ行儀のよくない若者が多い。私の郷里では、子どもを躾《しつ》けるとき、男の子には「チンとしとれ（ジッとして居ろ）」、女の子には「チャンとせられ（きちんとしてなさい）」というのが一般的である。

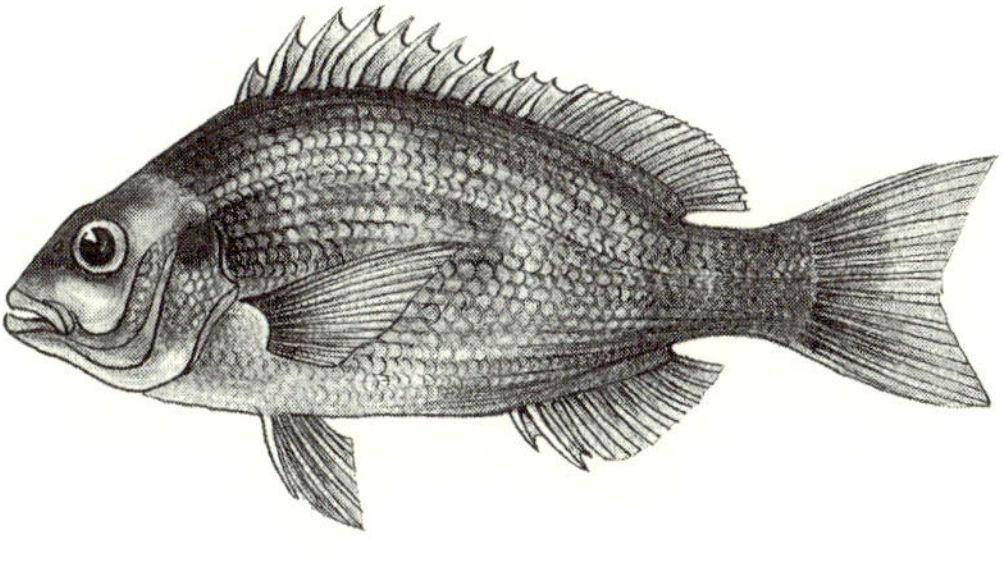

クロダイ（黒鯛）Black porqy　スズキ亜目タイ科

ゲンゲ

玄魚

客A「きゃあ！これ何けぇ？　ドジョウの親分みたい」。客B「あんた知らんがけぇ。こんなンマイモン。いっぺん食べてみられ」。鮮魚店でのひとこま。

ドジョウの親分の登場はあとまわしにして、Bさんの「食べてみられ」から始めよう。「…られ」は、尊敬・親愛を表わす古語の助動詞「れる／られる」の命令形という代物。上代から共通語だったが江戸時代に消滅して、富山県と岡山県備前地方だけに残る「生きた文化財」のようなことば。相手をいたわったり、諭すような優しい言い回しで、ゆたかな県民性を表わすキーワードだ。

親分の名はゲンゲ。寒天質に覆われ、ぬるぬる、ぶよぶよといった風体で見るからにグロテスク。得体の知れぬ魚という感じだが、これがうまい。

昔から漁師町近辺の家庭ではみそ汁の具にしたようだ。一般には雑魚《ざこ》の扱い。農村部では見たこともなかった。ところが、近年のグルメ指向から見なおされ、玄魚・幻魚などと当て字して、食通の関心を集めている。

鍋物や煮付けが定番。空揚げもうまい。ぶよぶよの寒天質を取り除き三枚に下ろし、昆布で締め、刺し身や握り鮨にする。干物もいける。

生まれて初めての味に感動した魚類学者・田中茂穂博士が自分の名前を付けたというエピソードまであるタナカゲンゲ。新湊方言はナンダ。「家で、ナンダ煮たれど、俺に食べさせてくれなんだ」というほど。

ゲンゲの語源は、下《げ》の下《げ》（最低）の魚。漁師のぼやきがルーツ。湾内の方言ゲンゲイボが和名になった。

今や大ブレイク中。ひそかにゲンゲ党結成の動きがあるようだ。グルメ新聞を注意して、見てみられ…。

シロゲンゲ（白玄魚）Soft eelpout　ゲンゲ亜目ゲンゲ科

コイ

鯉

昔から「恋に上下のへだてなし（身分の上下がない）」と言われ、芸術家や経済人の系譜でも華やかな愛の物語が生まれた。一方、鯉のほうは淡水魚の王者として君臨し続けており、錦鯉にいたっては、一匹数百万円の値がつくものから、濁流の川底で一生を送るものまで色とりどり。中国には、滝登りをして龍《りゅう》になるものまでいる。

「恋は思案のほか（常識では押しはかれないもの）」ともいう。名品といわれる錦鯉の発色や配色の具合も故意にやってできるものではない。飼育する人は偶然性に賭け、ひたすら幸運を請い願うだけのこと。やはりコイは自然発生的なものだ。

わが国の鯉の歴史は六世紀以降らしく、当時の「古比《こひ》」という表記や発音の〔kofi〕も恋と同じというが、語源は別々のようだ。

県内の漁獲量は年間百トンぐらいで、養殖は三百トン余り。食用鯉は、高岡市福岡町を中心に豊富な地下水を利用して養殖が行われてきた。鯉料理は洗いと鯉こくだけだが、特産の新巻が珍しい。

調理のとき注意しなければならないのは、俗にニガタマ（苦玉）と呼んでいる胆嚢《たんのう》を上手に取り除くこと。つぶすと苦みが身全体に回るのでご用心。

『徒然草』に「鯉の吸い物を食べた日は髪の毛がけば立たない。鯉から膠《にかわ》を作るのだから粘り気があるのかもしれない（訳文）」と書かれている。膠とは煮皮の意味で、昔の接着剤は鯉の皮や魚の内臓などを煮て作られた。ゼラチンを主成分とした自然素材だ。コイというものが、人の心と心を結びつける力を秘めていて当然だ。

川魚の王者に地方名はない。世間では「コイを知らなきゃ一人前ではない」と言ってるからねぇ。

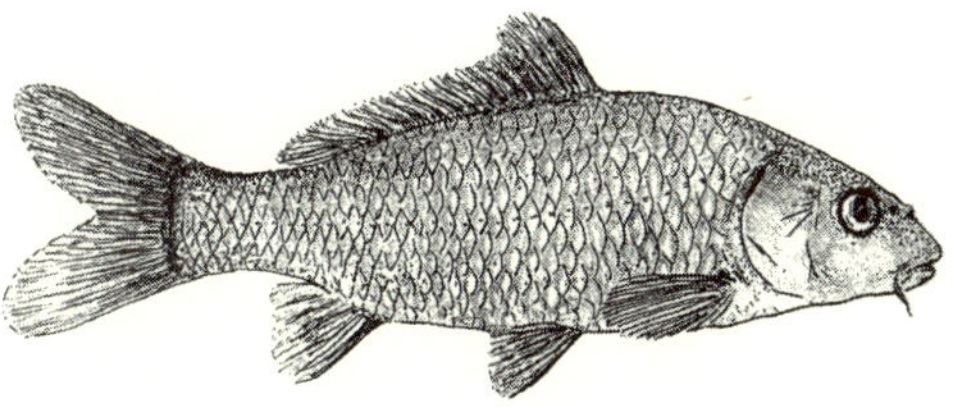

コイ（鯉）Common carp　コイ目コイ科

コチ

鯒

朝廷の公事に着用する古式の正装が束帯《そくたい》。天皇家の伝統儀式はこの装束で行なわれるが、そのとき右手に持つ短冊形の板が「笏《しゃく》」である。本来の字音は「コツ」だが、「骨」に通じるのを忌み、長さがほぼ一尺（約三〇センチ）であることから、「シャク」と呼ぶようになった（『広辞苑』抜粋）。

神官も儀式のときに使うが、もとは笏の裏に紙片を貼《は》り、公家たちが儀式の次第などを書いて、備忘メモにしたという。つまり笏はカンニングの道具でもあったわけだ。コチの由来は笏と形が似ているところから。もとの字音コツの転呼で、コチになったのだと『大言海』は説く。中国名は牛尾魚。

成魚は四〇〜五〇センチぐらいで、最大で一メートルにもなるそうな。夏の白身魚としてスズキ以上の高級魚とされ、活き締めの洗いは会席料理の向付として珍重される。フグの刺し身のような薄づくりもうまい。冬はちり鍋《なべ》。むろん、てんぷらや煮付けもいける。

一般に、本物という意味のマゴチ・ホンゴチと呼ばれるが、湾内ではヨゴチ。良いコチである。氷見で、バンゴチというのは、平たい体型「板《ばん》」の意味なのだろう。

コチの漢字はいずれも国字。ふつう「鯒」を当てる。ほかに「魥」がある。海底の砂にもぐって、眼だけをのぞかせ、餌の小魚やエビ・カニなどを待ち伏せする習性を表わしている。魚偏に「骨」という字もある。

慣れないスピーチを頼まれると緊張してコチコチになる。何を言ったか覚えていないということにもなりかねない。そんなときはカンニング・ペーパーを用意すること。昔から、コチとカンペは一体のものだ。

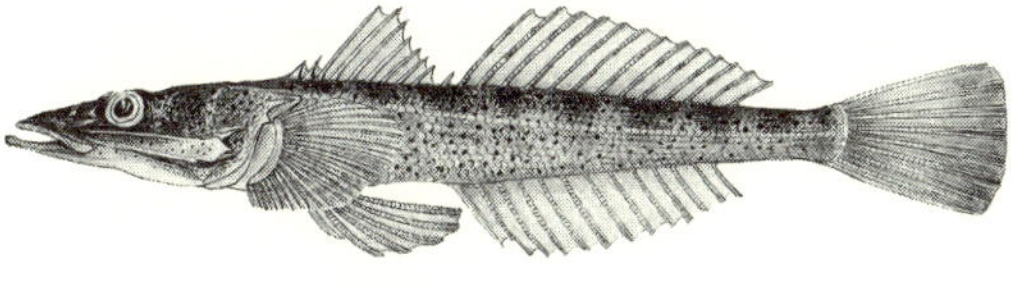

コチ（鯒）Bartail flathead　カジカ目コチ科

サケ

鮭

見せるためのブラジャーをミセブラというそうな。小さいものを大きく、大きいものを形よく。「寄せ胸造り」という建築工学顔負けの技法もあるらしい。

魚や鳥の世界でも異性の気を引くための派手なパフォーマンスや涙ぐましい努力がみられる。ミセブラやミセパンに目くじら立てることもないか…いや、目の保養になるかも。

サケは家庭の惣菜《そうざい》魚として親しまれ、生態や習性も一般によく知られている。その最たるものは「母川《ぼせん》回帰」であろう。秋になると一万キロの回遊を終えて生まれた川に帰ってくる。まさに神秘の一語に尽きる。種族保全に命をかける大ロマンだ。

サケの名まえは『和訓栞《しおり》』などに、「身が裂けやすい」とする解釈があり、別に「口裂が深い＝口が裂けたような魚」という見方もある。また、いくつかの古文献に「佐介《さすけ》」の転呼だとする説もみられる。県内では、サケノイオが訛ったサケネボやシャケ（関東・東北方言）などと呼んでいる。

未成熟卵巣の塩漬けが筋子。成熟卵を一粒ずつほぐして薄塩を当て、味付けしたものをイクラ（ロシア語）というのはおなじみ。産卵前の卵巣はハラゴ（腹子）またはハララゴ（鮞）だが、県内ではハラハラ。サケの腹を開いたとき卵が流れ出るようすをいう擬態語。

成熟期の婚姻色が体側に出現し、雄は吻《ふん》と下あごが伸びて湾曲。いわゆる「鼻曲がり」となる。新巻鮭を選ぶ目安だ。産卵のため疲弊した雌より、雄のほうが味はよい。雌は母親らしく鼻先がふっくらととして、丸みを帯びる。

雄鮭の精悍《せいかん》な鼻曲がりの風貌に比べ、鼻ピアスを付けた青年のなよなよと歩く姿がなんとも頼りない。

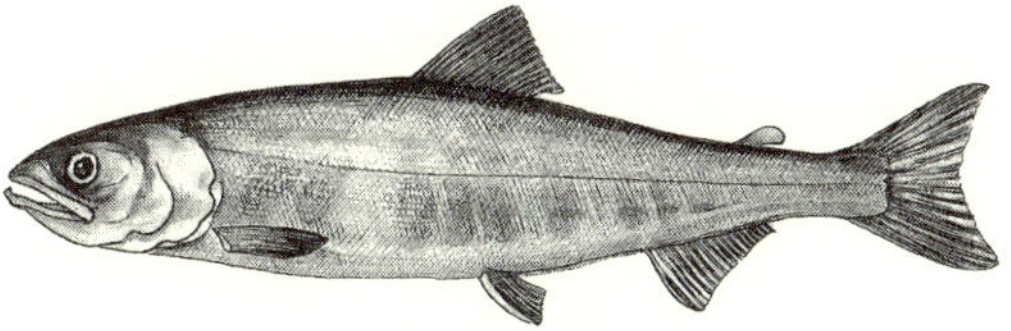

サケ（鮭）Salmon　サケ目サケ科

サケガシラ

鮭頭

人魚といえばライン川のローレライが有名。前肢で子どもを抱き、授乳する姿からジュゴンの人魚伝説もある。富山湾にも人魚が出没する。

魚博士・津田武美さんの名著『原色日本海魚類図鑑』に「フリソデウオ亜目＝紐体《ちゅうたい》類の魚は珍奇種で太平洋側より日本海、特に富山湾に多い。（略）人身大になるのはサケガシラとリュウグウノツカイの二種。新湊の漁師はオイラン／オイランタッチョと呼ぶ。市の天然記念物である。（要約）」と記載。オイラン（花魁）とは高級な遊女のこと。竜宮の使者《つかい》となれば童話の世界。艶《あで》やかな振袖姿が連想される。

内田恵太郎博士の『私の魚博物誌』では「朝鮮語のサンカルチーは〈山太刀魚《やまたちうお》〉の意味。平常は山の上を飛んでいるが、ときどき水を飲みに海岸へ下りてきて人間に捕えられる。身肉は難病に特効があり高価で取引されるとのことだが、実物を見たらサケガシラとリュウグウノツカイだった（要約）」。

これだけでは何のことか分からないだろうが、サケガシラの場合は体色が銀白色。体長一～二メートルくらい、猿とも人間ともつかぬ顔つきで、頭部から尻尾までの背びれと胸びれ・尾びれが朱色という姿態。こんな魚がなよなよと身をくねらせて波間を立ち泳ぎするのを見れば、誰だって「人魚だ！」と叫ぶことだろう。

津田さん寄贈のサケガラシの標本は射水市立博物館にあるが、このところ毎年のように妖艶な姿で湾内にお目見えし、ときには捕獲されている。

幻想的な光を放つホタルイカと海の宝石シロエビが生息する蜃気楼の海に、人魚物語が加わり、富山湾の神秘がさらに深まる。

サケガシラ（鮭頭）Lowsail ribbonfish
フリソデウオ亜目フリソデウオ科

サバ

鯖

アジ・イワシ・サバに代表される青魚の重要性が叫ばれている。文字どおり「魚」と「青」の合字が「鯖」である。

サバの語源について『大言海』は「小歯《さば》」に当たりをつける。一説では「斑葉《いさば》（斑《ふ》入りの意）」の語頭弱化だとする。また、群がる習性から多数の意味で「沢」の転呼だという意見もあるが、いずれも決め手を欠く。最古の出典は『出雲風土記』の「佐波」。また地方名はないが、富山ではサワと訛《なま》る。叔母さんをオワさんというのと同じ。

沖縄では、サメをサバと呼んでいるらしい。細かく鋭い歯が並ぶから「小歯」なのか。

昔から「サバの生き腐れ」というように急速な鮮度低下の問題があり、アレルギー体質の人から敬遠されるものの、総漁獲量の一割近くを占める重要魚種だけに広く利用されてきた。

味噌《みそ》煮は家庭の味。刺し身・〆鯖《しめ》・鯖鮨《ずし》から、塩焼き・空揚げ（南蛮漬）・干物まで。

居酒屋などで、上物の〆鯖に出くわすと心が豊かになる。

ところが、最近の家庭では魚を始末せず、煮たり焼いたりもしないらしく、子どもたちも魚を食べたがらない傾向にあるのは困ったものだ。

「サバをよむ」というのは、得をしようと数をごまかすこと。「読む」は数えるの意味であり、①いさば(魚市場)の符丁《ふちょう》などによる、早口読みから。②刺鯖《さし》(干物)を二枚一組で数えるから…などの見方がある。

公的資金の救済を受けた大手銀行が金融庁への報告でサバを読んだり、企業が決算内容を粉飾したりするのは言語道断。日本経済の生き腐れと言われても仕方あるまい。

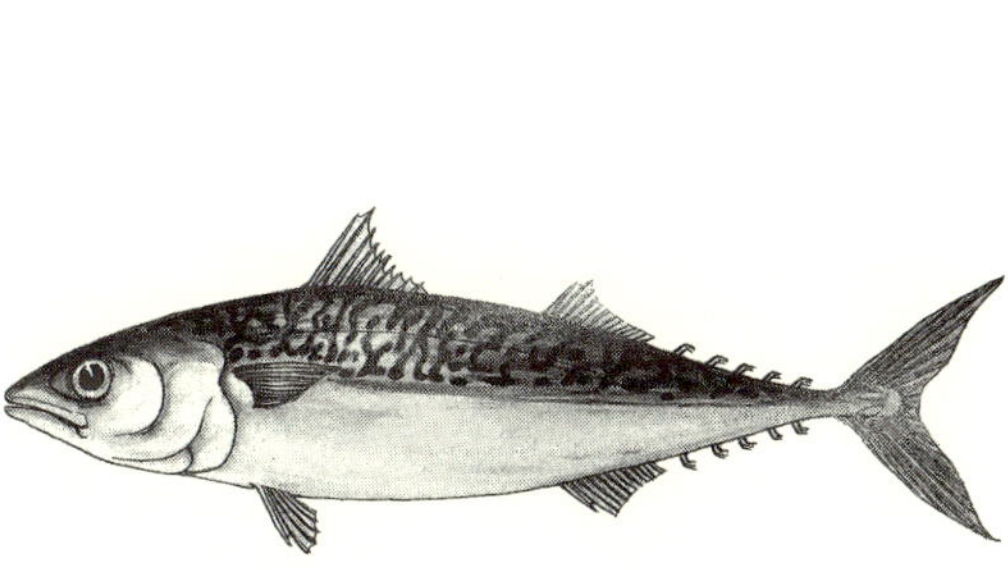

マサバ(真鯖) Chub mackerel　サバ亜目サバ科

サメ

鮫

人間にとって怖い魚といえばサメ。日本近海に百種類ほどが生息し、危害を加えるのは三十種ほど。湾内に多いのは、成魚でも体長二メートルに達しないホシザメ、アブラツノザメ、ドチザメなど。数は少ないが、アオザメ、シュモクザメ、ヨシキリザメなどが危険種。刺し網や定置網にかかる。

サメ（鮫）の語源は「狭目《さめ》」のようだ。サは「小さい・細い・こまかい」などを意味する。図体《ずうたい》にくらべて目は小さい。サメは東日本の呼称で、西日本はフカが主流。山陰地方の方言ではワニ。ところが東日本でフカやワニザメと言えば、大きく獰猛《どうもう》なサメを指し、九州でサメと呼ぶのは、凶暴なフカを意味するんだって??

ヨシキリザメとは足切鮫の意味である。サメだろうがフカだろうがあまり食用にはされないが、フカヒレは中華料理の高級食材。そのフカのヒレを足に見立て、足が「悪《あ》し」に通ずるのを忌み嫌い「良し」に言い換えた。

頭の先端にある目玉が左右に突き出た珍妙な魚がシュモクザメ。シュモク（撞木）とは鉦《かね》を叩く金づち型の棒のこと。この魚を湾内でカセバンと呼んできた。カセ（枷）はズバリT字型を意味する。バンは、ワニ↓バニ↓バンと音韻変化した。ワニは『古事記・因幡《いなば》の白兎《しろうさぎ》』に登場する出雲方言でサメのこと。

越中古代史に登場する大国主命《おおくにぬしのみこと》。その第二夫人が糸魚川の沼河《ぬなかわ》姫。神々ご愛用の勾玉《まがたま》の翡翠《ひすい》は、朝日町の玉造り工場（遺跡）で磨かれ、沼河姫のお里・越の国から貢物《みつぎ》として献上されたのだ。お疑いの方に教えて進ぜよう。朝日町のバタバタ茶によく似たポタポタ茶の風習が松江市郊外にあることを。

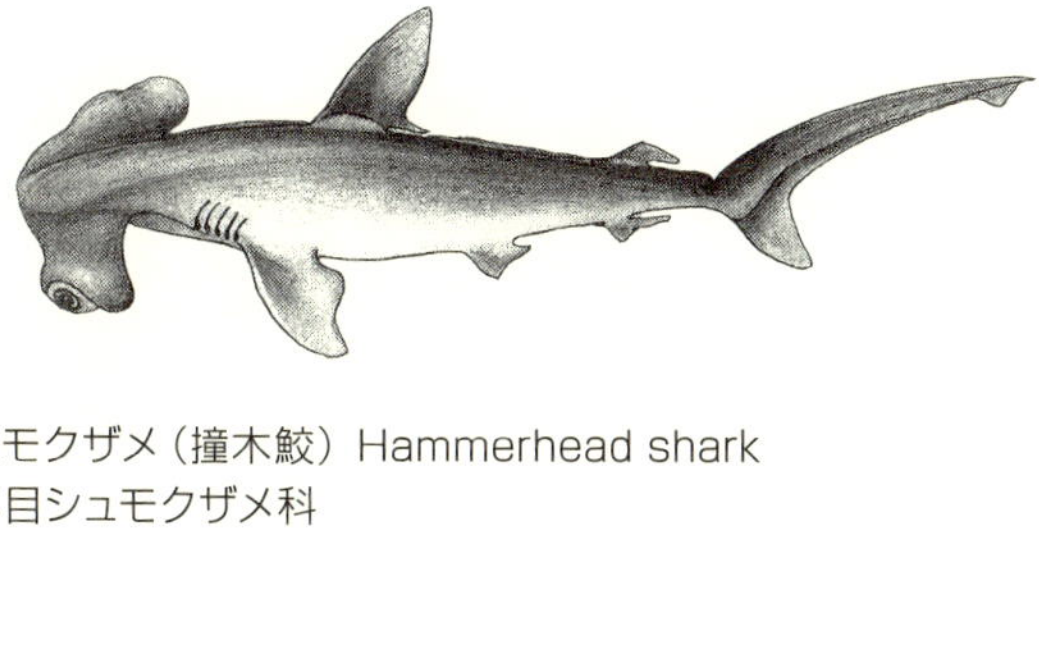

シュモクザメ（撞木鮫）Hammerhead shark
サメ目シュモクザメ科

サヨリ

細魚・鱵

北原白秋の童謡「♪サヨリはうすい、サヨリはほそい。ぎんのうお、サヨリ、おねえさまににてる…」。一九二三年生まれのこの歌の影響だろうか、戦中戦後の青春時代からずっと八頭身美人に憧《あこが》れてきた。

サヨリの体型は細長く、下あご（吻《ふん》）が鉄針のように伸びて、先端は赤く口紅を塗ったようだ。漢字で細魚または針魚とも書く。

語源について『大言海』は「サは狭小なるをいう。ヨリは、古名ヨリドの下略」だとする。その一方で、沢山《たくさん》群れるから「沢寄り」の転呼だとする見方もある。湾内の地方名にチャラチャラというのがあったとか。

春から初夏にかけて、二隻の船で引くサヨリ船曳網という漁法があり、定置網、刺し網でも水揚げされる。釣りは、沿岸部に寄る秋から冬を中心に行われる。

透きとおるような白身で、刺し身よし、鮨《すし》種よし、吸い物もうまい。祝宴では縁起のよい「結びサヨリ」の名で椀種《わんだね》にされる。

気になるのは腹を開くと真っ黒なこと。つまり腹黒である。そこでチャラチャラの方言と考え合わせてクラブの美人ホステスを連想したのは、語るに落ちたかもしれぬ。

吉永小百合という憧れの女性像がある。容貌《ぼう》もさることながら、立ち居振る舞いなどは古きよき時代の大和撫子《なでしこ》のようだ。中高年のファンも多く、彼女を息子の嫁にという夢を見た男たちをサユリストと呼んだ。

平成の世になってから、純日本風の若い女性をあまり見かけない。ガングロ…いや、腹黒のサヨリを食って、サヨラーにでも転向するしかないか…。

サヨリ（細魚・鱵）Needle fish　ダツ目サヨリ科

サンマ

秋刀魚

明石家さんまという芸人はトークが売り物。プロとしてオマンマを食うために口を動かし続けている。

魚のサンマは胃がなく腸も短いため、絶えず餌を食べ続けていなければならない。そんなに食べても太らないのはうらやましいという声が聞こえてきそうだが、彼らは「運動量が違うからさ」と答えるだろう。

北太平洋や日本海に広く分布。適温水域をもとめて、日本列島沿いに南北回遊する。湾内の漁期は十二〜一月（盛漁期）と三〜六月で、秋が旬という太平洋側とようすが違う。近年、サンマを対象とした湾内での流し網漁はほとんど操業されていない。

ひところ、湾内ではサンマをサヨリと呼んでいた。上方から西はサイラ。サンマの語源について『大言海』は「狭真魚《さまな》の音便約なるべし」とする。スリムな魚体に由来するという解釈だ。サヨリとの混称やサイラなどの地方名を見ても「狭／細」という意識が根っ子にあるのは間違いなかろう。「秋刀魚」と漢字を当てたのも絶妙だ。

輸送手段の発達で鮮度のいい県外産が店頭に並ぶ。時には刺し身なども売られているが、なんと言っても直火《じか》焼きが一番だ。落語「目黒の秋刀魚」は、さる殿様が鷹《たか》狩りのとき立ち寄った目黒の農家で出された、焼き立てのサンマの味が忘れられず「秋刀魚は目黒に限る」と言ったのが噺《はなし》の大筋。

ところで、私は講談の神田紅の大ファンなのだが、一九九七年秋、浅草の寄席で講談を聞いたあと、近くの活魚店で、紅さんと差し向かいで食べたサンマの刺し身に感激したことがあり、「秋刀魚は浅草に限る」と思いつづけている。

サンマ（秋刀魚）Mackerel pike　ダツ目サンマ科

シイラ

鱰

冷夏は過ごしやすいが、稲の生長が心配される。穂ばらみ期に低温がつづくと結実しない籾《もみ》が多くなる。これを富山の方言でシンダという。古語「しひいね（癈稲）」の略転だが、昔から各地でシイナシ／シイナセ／シイラ／シイダなどと呼ばれてきた。九州方言「シイラ」がこの魚の和名となった。魚体がいちじるしく側偏して長く、薄くて身が無いように見えるところから、結実しない籾になぞらえたものであろう。

成魚のオスは前頭部が肥大して、おでこ（出頭《でこうべ》の下略）が張った人間の顔のように見えるところから、県境から上越市あたりではメンカブリ（面被り）と呼ぶ。氷見ではオブダイ（帯鯛の転）と呼ばれていたが、今ではほとんどシイラ一本。

シイラは暖海魚で九州・四国の海域に多く、対馬暖流に乗って夏場の富山湾にやってくる。漁獲量も少なく、やや軟らかい肉質であまり好まれる魚ではなかったが、近年は新鮮な県外産が多く入荷、刺し身なども店頭に並ぶ。私は昆布〆《じめ》にして楽しんでいる。体長が一メートル以上もあるので、一般に切身で売られており、家庭では味噌《みそ》や醤油《しょうゆ》に漬けての焼き物が主流のようだ。九州のある地方で、干物を結納の一品に加える風習があるという。末永くという縁起物だろう。干物はタラのような味でかなりいける。

死ンダふりをして助かるのは熊と出合ったとき。死ンダふりをして金をだましとるのは保険金詐欺。「死んで皮を残す」と言われた虎《とら》も絶滅危惧種の悲しい命運をたどっている。

シイラが死に瀕《ひん》したとき、エメラルド色の魚体は妖《あや》しく七変化するという。漁師や釣り人のだいご味だ。

シイラ（鱰）Dolphin-fish　スズキ亜目シイラ科

シタビラメ

舌鮃

焼き鳥は好物の一つ。焼き鳥といっても材料は鳥だけでなく、むしろ牛や豚のモツ焼きが主流。関西ではホルモン焼きとなる。モツ、つまり臓物《ぞうもつ》の種類は、タン（舌）、ハツ（心臓）、レバー（肝臓）など英語に由来するものや、シロ（白＝腸）、カシラ（頭＝頬肉《ほお》）、コブクロ（子袋＝子宮）などバラエティーに富む。何によらず、日本人の造語に対する柔軟性にはタン、否、舌を巻くばかりだ。

シタビラメとはカレイ目ウシノシタ亜目の魚類を総称する俗称。食用となるアカシタビラメ（赤舌鮃）とクロウシノシタ（黒牛ノ舌）の二種類が湾内で水揚げされる。国内の変わった地方名は…クツゾコ・ゲタ・セッタ（雪駄）・ゾーリなど…履物に関するものが多い。ドイツではツンゲ（舌）、英国とフランスはソール（靴底）である。魚なら刺し身か焼き物にかぎるという越中人の好みに合わず、人気はいまひとつだが、フライにして出し汁に漬けておくとうまい。

フランスでは魚の女王と呼んで珍重する。代表的なメニューのバター焼きやムニエルとして欧風料理には欠かせぬ高級食材。英仏海峡で獲れるのはドーバー・ソールと呼ばれ、日本近海産に比べ二倍くらいの大きさだとか。どちらの味が良いのか？　西洋人と日本人の「舌」の違いがあり、「ひとくち」には決められぬ。

湾内の方言には、ネジリ（捻じり）／ネジリガレェ／ネンズルなどがある。口は下方へ向き、吻《ふん》の先端が渦を巻くように腹の方へ曲がる特徴をとらえている。

魚の王国を標榜《ひょうぼう》する富山だけに、人気薄の魚と言えど、履物のように踏みつけにはしない。ネジリ、否、ひねりの利いた乙な名前で呼んでいる。

クロウシノシタ

アカシタビラメ

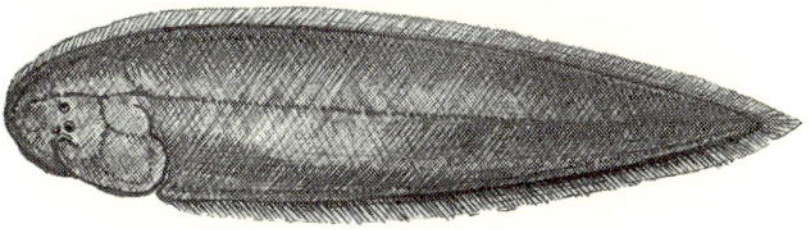

シタビラメ（舌鮃）Tongue sole　カレイ目ウシノシタ科

シロエビ

白海老

海幸の国、越中の三種の神器はブリとホタルイカ、そしてシロエビ。和名はシラエビ。今や全国に知られる高級ブランド。群生地は富山湾のみ。庄川、神通川、常願寺川が流入する海底谷《こく》に生息する。清冽《せいれつ》な伏流水の湧出《ゆうしゅつ》がもたらす天与の恵みだ。

新湊から高岡市周辺でヒラタエビとも呼んだ。シとヒの子音交替による訛《なま》りのようだが、この変異は関東方言に多く富山では少ない。シラタは四国・九州方言で①白癬《はくせん》、②穀物や蔬菜《そさい》で実の入らないもの、などの意味で、シロエビとは結びつけにくい。扁平《へんぺい》な体型から「平たいエビ」の略転であろう。

英語名は「日本ガラスエビ(訳)」。生きているときは無色透明だが死ぬと白濁する。また、熱を加えると淡いピンクに変色するが赤くはならない。茹《ゆ》でて乾燥すると飴《あめ》色に変わる。別名ベッコウエビの由来である。

昔はそうめんの出し汁に使うぐらいだったが、てんぷらがうまい。玉ねぎとのかき揚げは極め付き。

シロエビが有名になったのは、むき身を生で食べるようになってからのこと。軽く冷凍してから殻をむく手法が開発され、鮮度を保ったままで量産が可能になった。鮨種は定番の一つだが、昆布〆《じめ》が美味。透けるように薄いおぼろ昆布を乗せたものもある。そして、なんと！すり身にした二百匹分を五平餅《ごへいもち》のように焙《あぶ》って食べさせる料亭まで現われた。

富山湾の白い宝石と言われるシロエビ。深海育ちで色白の看板娘が欧米のスシ・バーに登場したら、野暮な「軍艦巻き」ではなく、日本のプリマドンナと呼ばれるかもしれない。

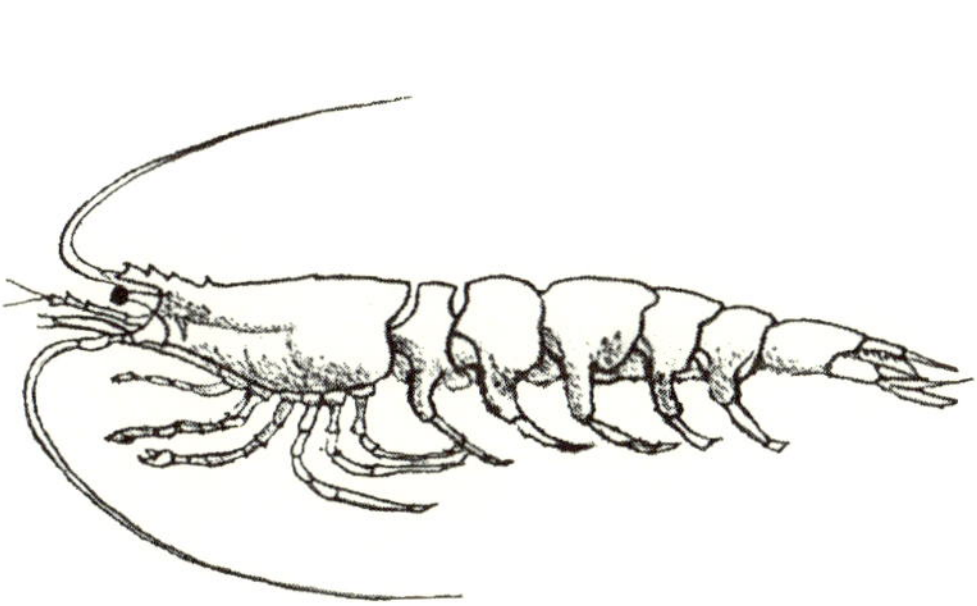

シロエビ（白海老）Glass shrimp　十脚目オキエビ科

スズキ

鱸

名字で最も多いのは佐藤。二番目が鈴木。鈴木と書くほかに、「すずき」の表記は三十ほどあるようだが、原義は「聖なる木」で「神の依代《よりしろ》」のこと。昔、稲穂を積んだ田んぼに鈴の付いた柱を立てて神を招き、種籾《たねもみ》に魂を宿らせ、翌年の豊かな実りを祈願した。その神事を行う神官が鈴木姓だったという。

世界的にも、魚種の多いことで知られる日本列島だが、中でも最大勢力はスズキ目に属する漁族たち。代表のスズキは魚の標準体型とも言うべく、その整った姿は精悍《せいかん》で美しい。名前の由来は「涼しげな魚」とでもいうのであろうか。北陸地方ではもっと爽やかに、スズキと濁らずに呼ぶ。人名の場合もおなじだ。

古事記や万葉集に登場する名門だが、生い立ちにつれて名前が変わる出世魚でもある。ゼロ歳魚ではコッパ／ハクラだが、一歳魚はセイゴ、三〇センチを超すとフッコ。三〜四年で成魚となりスズキ。さらに大物になるとニュウドウ（入道）と呼ばれ、ユウドと訛《なま》る。

セイゴは焼き物か煮付けだが、スズキなら刺し身、洗いにして食べる。内湾性のものは油臭いこともあるので、鮮度を保つためにも頸《くび》や尾柄《びへい》部に切り目を入れ野締《じ》めをして血を抜くと良い。

漢字の「字」は「ウ」かんむりに「子」の会意文字。出生を祖先に報告し幼名を付けることを示す。昔は、成人して名を改めた。そのため、別の名前という意味で「字名《あざな》」と呼ぶが、住所にも「字《あざ》」がある。旧村名や通称だ。市町村合併で新しい「字」が生まれ、一部は改まった。地方の小さな集落が守ってきた独自の伝承文化の灯をともし続けて欲しい。

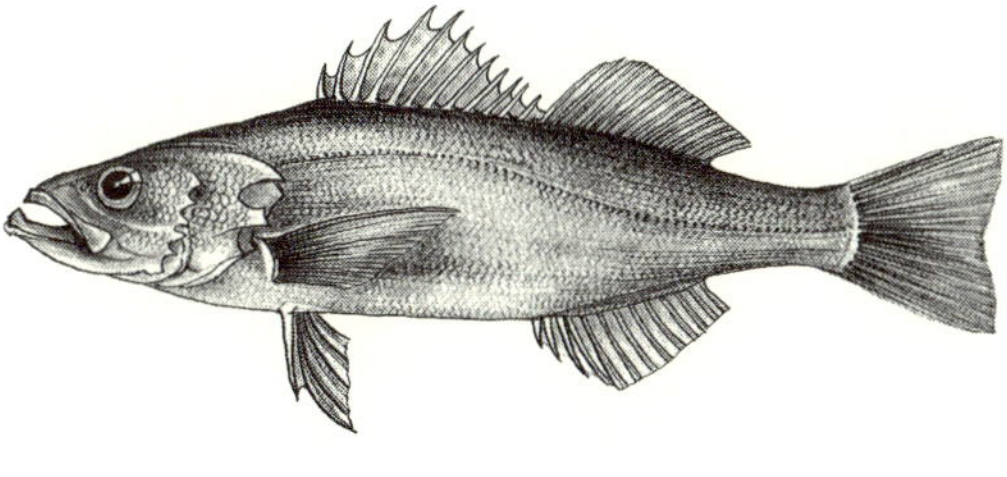

スズキ（鱸）Japanese bass　スズキ亜目スズキ科

ズワイガニ

ずわい蟹

「カニを食べるときは最初にフンドシを外すものだ」と言われ、「パンツの人はどうする?」と聞いたダラな男の話がある。一万円もする高級品ならともかく、ベニズワイガニなどは、茹《ゆ》でがけを手づかみで食べるのが一番うまい。茹でガニは、三十分ごとに味が落ちる。新鮮なものは酢など不要。塩味だけで十分だ。

『古事記』の応神天皇の歌に「都奴賀《つぬが》(敦賀)能迦邇《のカニ》」の記述があり、「君はどこの蟹《かに》さんだい」と若い娘をからかいながら口説いている。当時、口うるさい宮内庁の役人が居なかったせいか、天皇も屈託がない。古代から若狭のカニが献上されていたようだ。山陰では松葉蟹、福井では越前蟹だが、富山では和名のズワイガニ。略してズワイまたは本ズワイ。

雌は雄に比べてずっと小さい。甲羅の形や大きさからコウバコガニ(香箱=香合)/マンジュウガニ(饅頭)/セイコガニなどと呼ぶ。

セイコは「背甲」の転呼か。あるいは「背負子」の訛《なま》りだろうか。でも卵は内側に抱いている。フンドシの部分だ。抱卵（卵巣）の色はとりどりで、キャビア色した黒子が一番うまい。それに、内子と呼んでいるピンク色の肝膵臓《すいぞう》が珍味である。

湾内の主力は深海性のベニズワイガニ。生きているときから透明な赤い色だ。方言としてはアカガン（赤蟹）ぐらいのもの。

ズワイガニは、乱獲のため資源が枯渇しつつあり、庶民の口に入りにくい。漁期は雄が十月〜四月。雌が十一月中旬〜三月中旬。ベニズワイガニの雄は九月〜五月。雌は禁猟。価格の高騰がつづく。どうしても抑えられないなら、せめて横ばいで頼む。

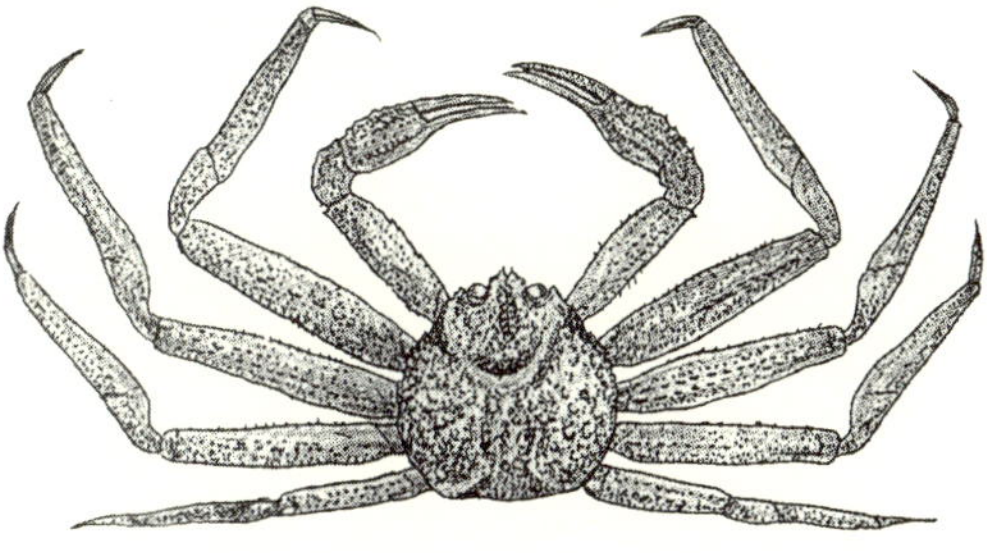

ズワイガニ（ずわい蟹）Snow crab　十脚目クモガニ科

タチウオ

太刀魚

天下に冠たる立山連峰。タテヤマの呼称は室町時代あたりからで、古くはタチヤマ。江戸時代の名横綱・太刀山はそれに因《ちな》む。劔岳との組み合わせで「太刀・劔」となる。立山の語源は、雲の上に「顕《た》ちあらわれる」の意味だとする説もあるが「そそり立つ／立ちはだかる山」ということも考えられる。太刀は「絶ち・断ち」と同根…為念《ねんのため》。

タチウオは細長く側扁。背びれは後頭部から全背面を占め、腹びれ・尾びれ・尻びれもなく、鱗《うろこ》もない。まさに太刀そっくり。

音便変化の多い富山弁ではタッチョ。ところが、トビウオをタッチョと呼ぶ古老がいる。こちらは「飛び立つ」という意味の方言タツで、「タツ魚《いお》→タッチォ」の変化。

東シナ海が宝庫と言われるだけに、上海市内の人民市場などでもよく見かけた。古風な青龍刀のような形だが、中国名は帯魚。日本では中部以西に多い。

新鮮なものは刺し身がいける。ふつうは塩焼きか照り焼き。身ばなれがよく骨も外しやすい。洋食にも中華料理にも向く食材である。

越冬のためと、初夏の産卵のころに集団移動する。盆と暮れに帰省し、行楽旅行をする日本人のようだ。

索餌《さくじ》活動は主として昼間に行なう。したがって釣りも朝から昼まで。集魚灯にも反応する。ボディーアクションが自慢らしい。長身の魚体を銀色にくねらせながら泳ぐ姿は、シンクロナイズド・スイマーのように艶《あで》やかだ。特に、静止状態の立ち泳ぎも得意技。それで「立ち魚」なのだとする見方もある。

この話はタチのわるい冗談ではない。刀に誓って、ほんとうの話だ。

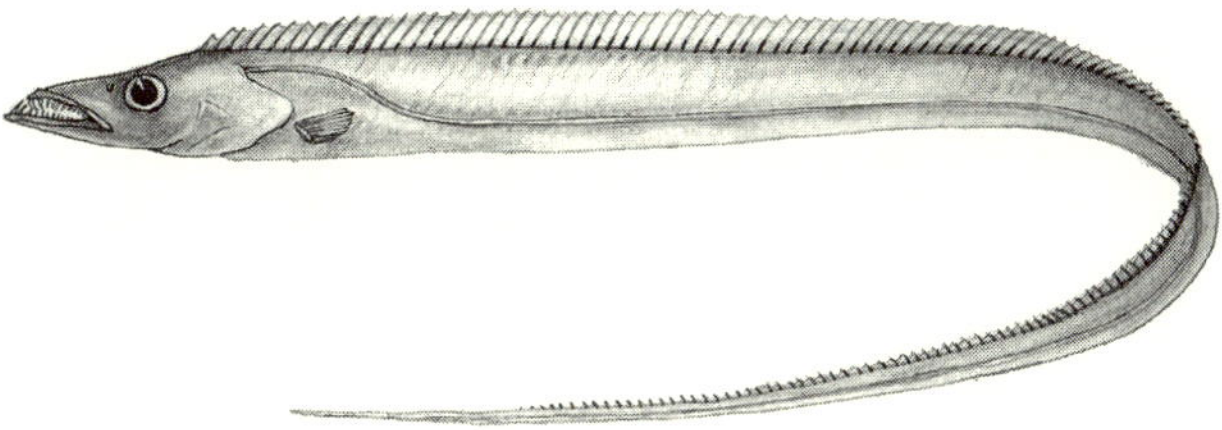

タチウオ（太刀魚）Ribbon fish　サバ亜目タチウオ科

タツノオトシゴ

龍の落子

　これが魚かと思われるような奇妙な顔と体型だが、ヨウジウオ科の仲間。水族館の人気者である。湾内でも沿岸の藻場に生息するが、褐色を基本色とし環境に合わせて黒やオレンジなどに変化するので見つけにくい。

　中国語、韓国語で海馬。英語もシー・ホース。日本でも顔が馬、胴はエビという見方が一般的。地方名もウマウオ／ウミウマ／ウマノカオ／リュウノコマ（龍の駒）／ジャノコ（蛇の子）など、馬を意識したものが多い。それにしても和名タツノオトシゴとは、よく名づけたもの。

　落とし子とは、（貴人が）妻以外の女性に産ませた子。落とし胤《だね》（ご落胤《らくいん》）のこと。おなじ意味の富山弁は「江《え》挿《ざ》し子」。田植えが終わり、余った苗を江川《エーガワ》（田の水路）に植えることがあり、自分の田んぼ以外で作る米ということになる。

　出産と育児スタイルも類を見ないもので、雄と雌が互いの尾を絡み合わせ交尾し、メスは受精卵をオスの育児嚢《のう》と呼ぶ袋に産み落とす。卵からかえった仔魚《しぎょ》は育児嚢のなかで育ち、六〜七月ごろ袋を出る。ところが袋が小さいため、体を前後に振りながら身をよじって、一〜二匹ずつはじきだすという。産みの苦しみを味わう父君。おそれ多いお子さま誕生である。

昔は安産のお守りとして、雌雄《しゆう》一対の干物を鏡台《きょうだい》の引出しに忍ばせたという。近ごろは子育てを亭主に押しつけ、自由を満喫したい女性がオスの干物だけをひそかに持ち歩くのが流行だとか…。

午《うま》年生まれの私もオトシダネらしい。「最近ゴルフの飛距離が落ちた」とぼやくと、友だちから「お歳だね」と言われる。

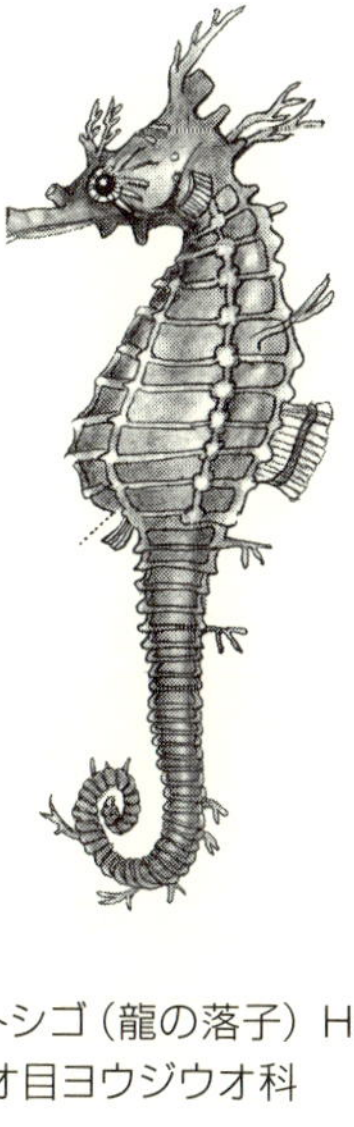

タツノオトシゴ（龍の落子）Horned seahorse
ヨウジウオ目ヨウジウオ科

チカメキントキ

近眼金時

昔話、ことに英雄豪傑《ごうけつ》などの物語は流行《はや》らない。その一人、坂田金時（本名＝公《きん》時《とき》）を知っている若者はあまりいないだろう。怪力無双の武将で幼名は金太郎。足柄《あしがら》山の山中で育ち、丸々と太った全身の肌色が赤く、熊《くま》・鹿《しか》・猿《さる》などが友だちという怪童。鉞《まさかり》をかつぎ、金の字の腹掛けをした絵本の挿絵が懐かしい。

金時の体が赤かったことから、金時豆（あずき＝ささげの赤い種）・金時芋《いも》などの名が生まれた。氷あずきのことを金時というのもおなじだ。

チカメキントキも体色が赤いことからのネーミング。チカメは強度の近眼用レンズのように大きい目だというのだろう。やや深い岩礁《がんしょう》に生息する。いつも底層から見上げて、下から餌を捕食する習性があり、吻《ふん》（唇）は受け口。腹びれが大きく垂れ下がり、口の格好とともに頑固親父のような顔つきにみえる。それで湾内の地方名はタイノオトト（鯛の親父）。

近縁種のキントキダイは、チカメキントキに比べてスリム。背びれ・腹びれもさほど特徴的でない。さしずめタイノオカカと言ったところ。オカカより「お方様」が変化した富山弁のオカッツァマ（おかみさん）と呼んだほうが喜ぶかもしれぬ。

両種とも湾内の漁獲は少なく、ジャケラ（邪気乱＝派手で下品）な色の魚を好まない県人の人気は薄い。肉質がやわらかいので煮つけにする。冬場の定置網に入るようだが、釣り人との出会いもある。新鮮なら刺し身もいける。

桃太郎や花咲爺さんなど、昔話をしてくれるはずの祖父母と別居。和室建具の障子《しょうじ》や襖《ふすま》を知らない子どもが増えつつある。

チカメキントキ（近眼金時）Bigeye　スズキ亜目キントキダイ科

トビウオ

飛魚

半世紀前、日本の水泳選手は「フジヤマの飛魚」として世界に名をはせ、敗戦後の沈滞ムードを吹き飛ばす活躍ぶりだった。名選手・古橋広之進も鬼籍の人だ。

トビウオは暖海魚。日本近海には二十種類ほど回遊する。富山湾では対馬暖流に乗ってやってくるツクシトビウオ、ホソトビウオが六〜八月ごろ定置網で漁獲される。ツクシトビウオは体長三五センチにもなり腹部が角ばっているところからカクトビ。ホソトビウオは腹部が丸くマルトビと呼ばれている。湾内独特の呼び名はダンボ。

そもそも昆虫のトンボは「飛ぶ棒」が変化したもの。富山でトンボのことをドンボまたはダンボと呼ぶ地域が多いが、ウルメイワシのことをドンボイワシというので紛らわしい。潤んだように見えるイワシの目がトンボの複眼に似ているというのか。

トビウオの場合、飛ぶ魚（イヲ→イボ）がトンボ→ドンボ→ダンボと転訛《てんか》したようだ。また「飛ぶ」ことを「立つ」という方言があり、タッチョ（立つ魚）ともいう。

また「飛び」の撥音便「トンビ」もある。

ほかに沖縄から近畿地方までの広域方言アゴがあり北陸地方にも伝わっている。アゴは、近縁種サヨリの長い下あごのような、幼魚期の「あごひげ状」の形質を指すのかもしれぬ。アゴテン食ワス（はぐらかす）ようだが、四国の漁法・近回り網をアゴという方言もあり、こちらも未公認語源候補の一つ。

新鮮なトビウオの背中のマリン・ブルーがたまらなく愛《いと》しい。街なかを泳ぐ人魚の歌。

ゆうかぜは海色の風　広報誌くばるわたしを飛魚にする

佐伯　悦子（富山市）

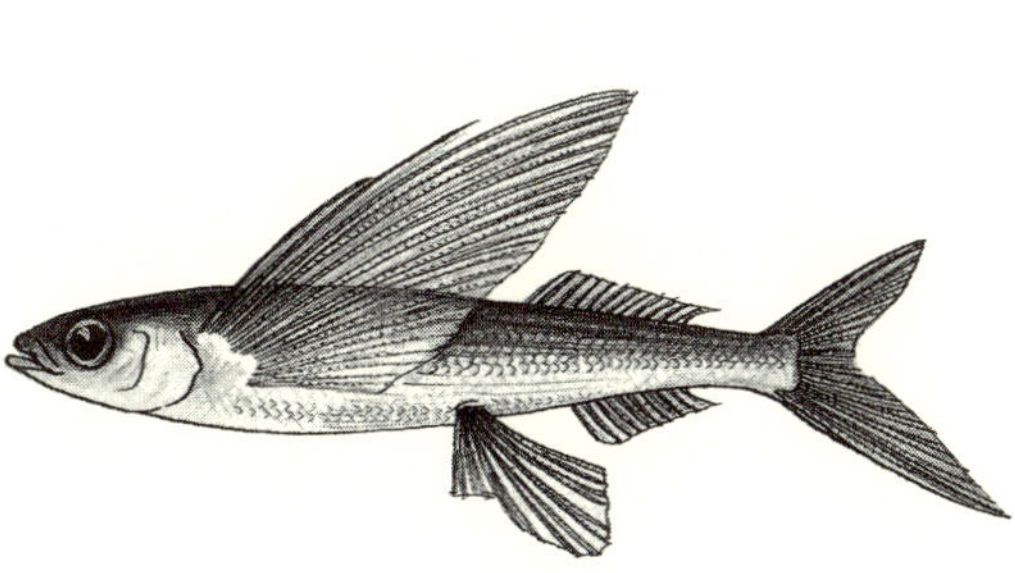

トビウオ（飛魚）Flying fish　ダツ目トビウオ科

ナマコ

海鼠

魚の身をおろしたあとの頭・鰓《えら》・皮・鰭《ひれ》・骨などは「粗《あら》」。富山では「残《ざん》」。内臓は「わた」。布団の中身も「綿」、地形が湾曲している入り江なども「曲《わだ》」。古くは、海も「わた」と言った。「わだかまり」とは渦状に曲がることで、心がねじ曲がった状態のこと。つまり「腹わた」とは体内で絡み合い、くねくねした状態のもの。

神話時代にナマコが食べられていた。最古の書物『古事記』に、すべての魚が神の食膳へのぼることを同意したのに、ナマコだけが答えなかった。アメノウズメノ命《みこと》が怒ってナマコの口を切り裂いたと書かれている。傷跡が今に残り、口は裂けたまま。

千三百年前、すでに「海鼠」と書いて「こ」と訓《よ》ませている。保存食材の煎海鼠《いりこ》（乾燥ナマコ）に対し、生きたものを生海鼠《なまこ》と区別するようになった。

酒好きにはたまらないコノワタは「コの腸《わた》」の意味。また生殖腺だけを干した高級珍味は「クチコ（口子）／コノコ」。

ナマコはふつう酢の物でいただく。食用になるのはマナマコ。岩礁にすむものは赤っぽいアカコ、内湾の砂泥底にいる暗緑色のものをアオコと呼ぶ。湾内でナマコ専門の漁はないが、春先に小舟を操りながら竿先の鉤《かぎ》を使って漁をする人を見かけたことがある。

富山でドベというのは「泥・べと土・尻・最下位」などの意味。魚の内臓もドベ。大酒飲みのドンべは、飲兵衛の転で蔑称《べっしょう》。

ダダミも内臓の北陸方言だが、腹にたたみこまれたもの。巻き貝の古称「シタダミ」や和室の「畳」とも語根はおなじ。

方言の多くは古語に裏打ちされている。

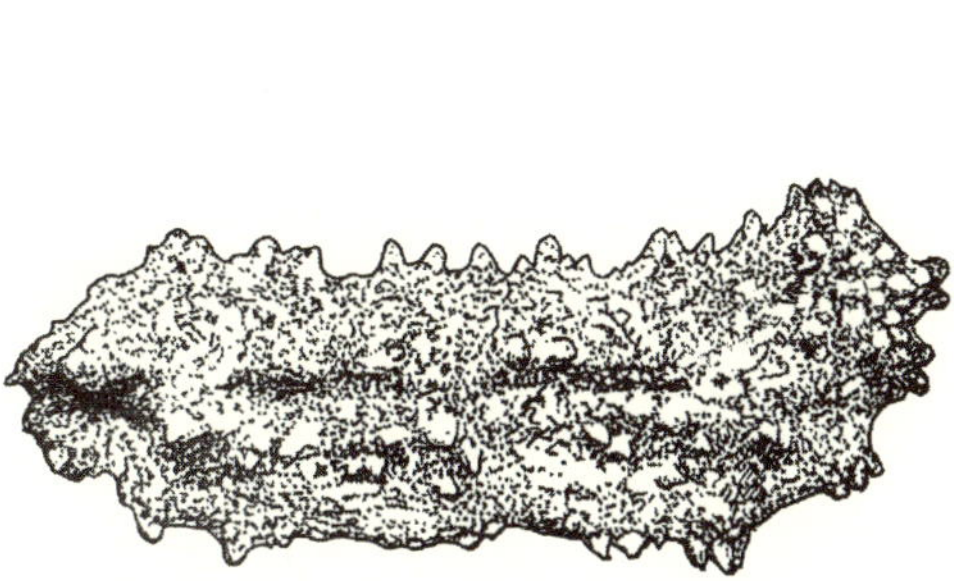

マナマコ（真海鼠）Sea cucumber　ナマコ綱ナマコ科

ナマズ

鯰

水張田《みはりだ》とは短歌などの用語で、代《しろ》かきが終った水田の風景。その時季から田植え後の初夏にかけて、農村の子どもたちは青田ナマズを捕りにでかけた。リーダー格の子がアセチレン灯をもち、あぜ道から水路を照らしながら仲間に指図し魚影を探す。竹の棒で水中をさぐると、夜行性のナマズだけにすばやく逃げて泥にもぐったりする。

商店街などでの「ナマズ駐車」は、パトロールの警官が回ってくると少しだけ車を移動し、しばらくして元にもどるといった違反行為だが、絶妙のネーミングである。

アニメのキャラクターにもなる怪奇な顔つき。カエルや小魚、エビなどを食べる獰猛《どうもう》さだが、白い身肉は脂肪が少なくて淡白な味だ。昔はよくイロッケ（照り焼き、かば焼）にした。三枚におろして皮を引き、洗いにするほか煮つけ、鍋物、てんぷらなど調理法は多彩である。県東部に専門店があるほか、小矢部川流域では家庭の食膳にものぼる。

ナマズの語源は「滑らかな魚」の意味で、古典の表記が「奈萬豆《なまづ》」だから「滑頭《なめづ》」の転呼とみている。地方名はほとんど無い。「鯰《なまず》」は国字。中国では「鮎」がナマズ。いずれも字音は「ねん」…念のため。

本当にナマズが地震を起こすのか？　江戸時代の鯰絵に怪しげな超能力ぶりが描かれているものの、地震を起こす力はなさそうだ。しかし体表の感覚器官で、地電流の変化や餌の小魚が発する微弱な電位変化を感知する能力がある。周囲のちょっとした異変も見逃さないのは、地震予報官としての資質があると言えよう。

だが、待てよ？　当時流行の細い髭《ひげ》をたくわえた明治政府の小役人を「鯰」と呼んだので、公務員は嫌だというかもねぇ。

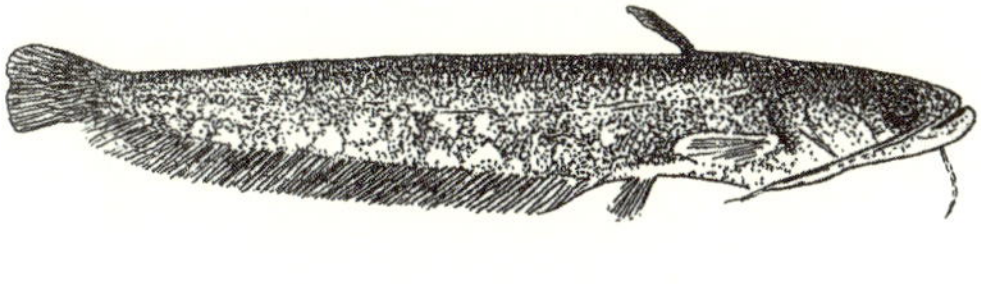

ナマズ（鯰）Japanese common catfish　ナマズ目ナマズ科

ニギス

似鰆

世間にはよく似た人が三人はいるそうだ。血縁でもないのに瓜《うり》二つの人を見かけてドキッとすることがある。動植物の地方名などでも「似たり」と付く名前があって、貝類では貽貝《いがい》（東北・北陸）、おなじみのニタリ貝…。誰ですかニタリと笑ったのは？

今回のテーマではないが、ガス抜きの一句《似たり貝ひねもすニタリニタリかな》。

ニギスはシロギスに似ているから似ギスだが、面倒なことに和名ギス（義須。ソトイワシ科）というのが別にいて、それをニギスと呼ぶ方言も湾内にあってややこしい。おまけに、本題のニギスをミギス／メギスと訛るのが富山方言。さらに、和名メギスという魚族（本州中部以南）までいるのだから、中東あたりの紛争状態。この混乱は国連でも取りあげてはくれまい。

繰り返しになるが、ニギスは似義須ではなく似鰆《にぎす》。シロギス／アオギスのように熟語になると、キスはギスと濁音になる。

和名メギスは、シロギスより目が大きく特徴的だとしての目鱚だが、あるいはシロギスを王様として女王の格付けとしての女鱚《めぎす》かもしれぬ。

ミギスは、方言にありがちな「め」と「み」の言い換え訛《なま》り。県東部のダボギスはシロギスに比べて劣るという意味である。ダボ（広域方言）＝バカ・愚か者。

これで、似たもの同士がギスギスしなくてすむだろう。だが、ディープ・キスだけは個人差があり不明。

ニギスは春秋二度の旬があり、新鮮なら、塩焼き。煮付けもいける。干物は骨ばなれがよく食べやすい。

近ごろのテレビで、そっくりさんや物まねタレントが大人気だ。魚族方言をみてもバラエティに富んでいるから、ニギス一族の時代もきっと来るチャ。

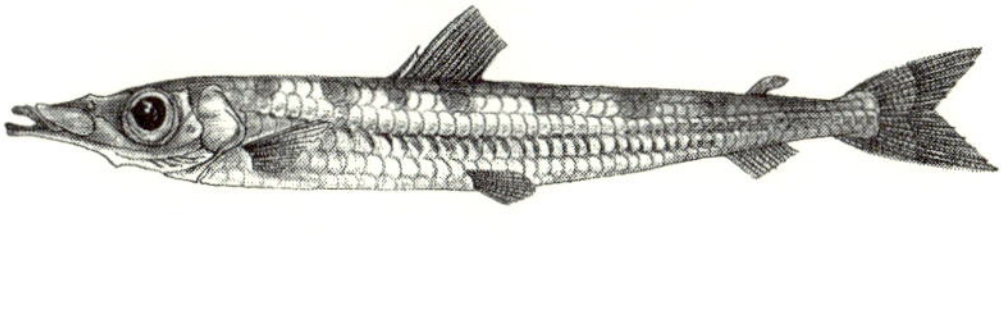

ニギス（似鱚）Deep sea smelt　ニシン目ニギス科

ニベ

鮸

「豆腐屋！　何度も呼んでおるのに耳が無いのか」。「へい。耳は先客で売り切れです」。人の耳を豆腐の耳と勘違いしたという江戸小咄《こばなし》。豆腐の耳はパンの耳と同じで、ヘタとか端っこを意味する。小判の耳は縁《へり》。転じて、枚数。「百両耳を揃えて…」となる。

動物の耳は顔の端にあり、その奥に耳石《じせき》というものがある。ヒトの場合は聴砂《ちょうさ》とも呼ばれ、体の平衡を保つための大事な器官だが、魚の場合には位置を知る働きもあるそうだ。ニベの耳石は体の割には大きく、そのためイシモチと呼んでいる。

ニベは煮ても焼いてもうまい。中国、韓国では高級魚。稚魚を口のなかで保育するテンジクダイも俗称イシモチだが、うまくない魚。湾内の漁師はネコノヘド（猫の反吐《へど》＝魚好きの猫でもヘドを吐くほどまずいという意味）と素っ気ない。

ニベのほか同科のシログチも耳石が大きく、富山のイシモチはこちら。グチは「愚痴」だろうと考える。ニベ科の魚は浮き袋（鰾《ひょう》）を使ってブツブツ、グーグーと大きな声を出す。江戸時代の百科事典は「漁師は竹筒で海底の声を聞き網を下ろす」と書いている。この鰾が発達し大きく分厚い。

そのネバネバした性質を利用したのが古来の接着剤の膠《にかわ》である。膠は「煮皮」の意味で、動物や魚の皮や臓器を煮詰めて作られる。ニベの鰾は乾燥し中華料理の高級食材にもなる。また「ニベもない」とは「素っ気ない／愛きょうがない／思いやりがない」という意味で、鰾の粘り気から出たことば。

孔子のことば「耳順《じじゅん》」とは、六十歳になって徳が備わり、他人のことばに耳を傾け、理解し、順《したが》うこと。

私たちのグチが聞こえますか？　国会答弁となると、ニベもない…どこかの大臣さん！

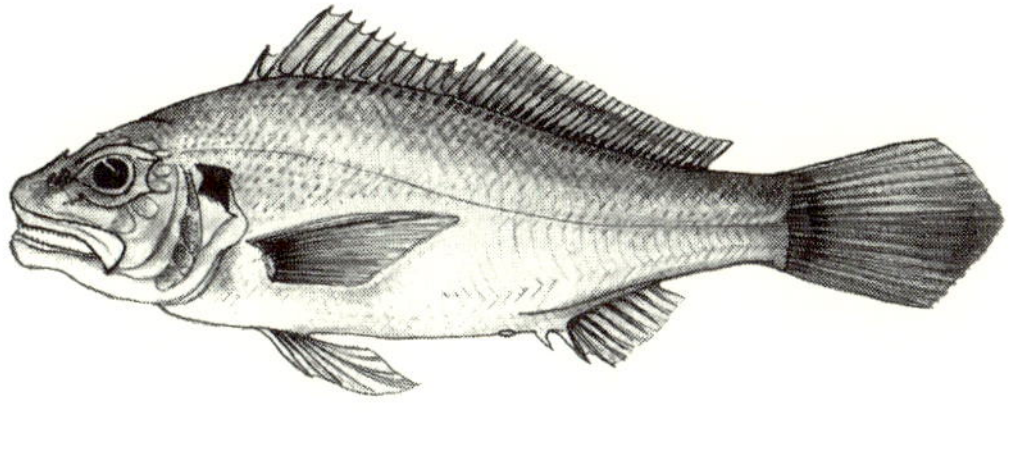

ニベ（鮸）Blue drum　スズキ亜目ニベ科

ネズミゴチ

鼠鯒

「子《ね》」は十二支の一番目。方位は北。時刻は夜の十二時およびその前後二時間。月は十一月。動物ではネズミを当てる。「子」は「孳《じ》（増える／茂る）」の意。また易の卦《け》でみると十一月は「地雷復《ちらいふく》」。旧暦の冬至を含むこの月は、全陰の十月を経て、わずかに陽の気が萌《きざ》す「一陽来復」を象徴する。農暦の一年が始動する大切な時期である。

ネズミゴチは何となくネズミに似ている。釣り人のほとんどがキス釣りの外道として体験している、あの憎たらしい奴である。鱗《うろこ》がなくヌルヌルねばねば。手に付くと水で洗ってもぬめりが取れない。鰓蓋《えらぶた》には鎌《かま》状の棘《きょく》をもち、おまけに反り返った小さなトゲまである。釣り上げると鰓蓋を広げて威かく。刺されると痛がゆく、ほとほと閉口する嫌われ者である。

本種のほか、ネズッポ（ヌメリゴチ）／トビヌメリなどもいるが区別せず、県内でメゴチ／ベトゴチと呼んでいる。ただし和名メゴチというコチ科の魚もいるのでご注意。

別名ノドクサリというだけに、喉《のど》のあたりにある内臓が腐りやすく異臭がひどい。新鮮な内に始末すれば糸づくりの刺し身でもいける。塩で揉《も》み、ぬめりを取れば煮付けもＯＫ。なんと言ってもてんぷらが一番。

台所や農作物を荒らすネズミたちも必死に生きている。釣り人にとって迷惑な外道でも、手をかけて人間の胃袋に成仏させてやりたいネズミゴチ。

あなたも幼いころには、戸棚のお菓子をつまみ食いして「こらっ！頭の黒いネズミめ！」って言われてたでしょう。何、ずっと茶髪だ？

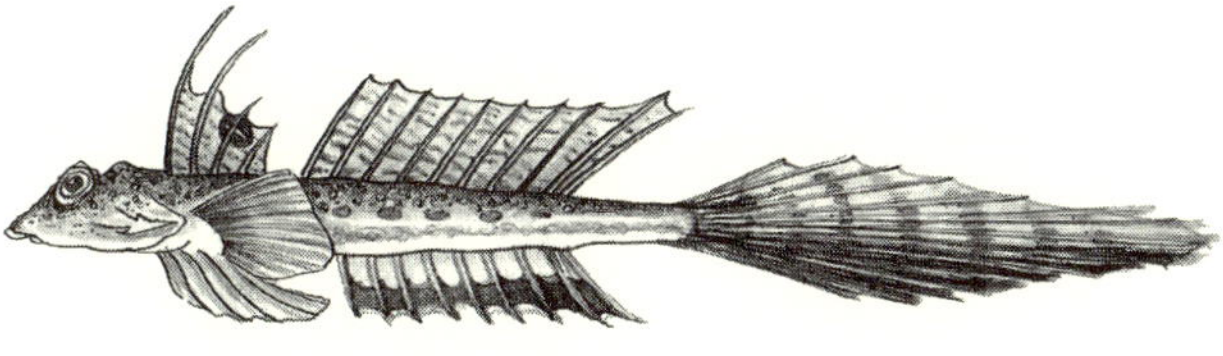

ネズミゴチ（鼠鯒）Richardson's dragonets
ネズッポ亜目ネズッポ科

バイ

蛽

現代っ子の知らない遊び「貝独楽《べーごま》」の由来は、関東弁でバイをベイと訛ったもの。次第に金属または陶器製になったが、当初はバイの殻の下部を切り取り、溶かした蝋《ろう》や鉛などをつめる手作りの品だった。塾などもなくて楽しい時代のこと。

和名の「バイ」は、黄褐色の地に紫がかった褐色の斑紋があり、氷見から四方港、岩瀬港あたりの浅海でわずかに獲《と》れる。地方名のアズキバイ／クロバイ／カタバイ／イシバイのこと。四十円切手の図柄にもなったが、あまり人気がない。

富山でバイといえば、オオエッチュウバイ（地方名、アオバイ／マチバイ／マッチョモ）、カガバイ（同、マバイ／カタバイ／カラツ）、ツバイ（同、コバイ／ケツグロ／ダゴバイ）、エゾボラモドキ（同、エゴバイ）など深海性のものを指す。念入りにバイ貝ともいう。地方名はそれぞれの特長を表わしており、刺し身よし、煮付けよし、串焼きよしの優れものぞろい。

古くから「越中に加賀バイ、加賀に越中バイ」と言われるのは、和名エッチュウバイが湾内には生息せず、加賀から越前にかけて獲れ、富山湾特産がカガバイだということ。学名を付けるとき、参考図鑑の絵が入れ代わっていたのが真相らしい。貝名審判による改名の道はないのだろうか。

バイの身肉は象牙色に光り新鮮なものは弾力に富む。刺し身はしっとりとした熟女の官能美を思わせる。肌のぬめりも情感…いや、舌触りがたまらない。生食のときは、塩で揉めばシコシコとした食感が楽しめる。

越中グルメ劇場の主役は寒ブリ、シロエビ、ホタルイカだが、食通の間ではバイプレーヤー（わき役）の人気がかなり高いようだ。

バイ（蛽）Japanese ivory shell　吸腔目バイ科

ハタハタ

鰰・鱩

ブリ起こし。年末になると低気圧の前線通過に伴い夜半から未明にかけて雷が鳴り響き海は大シケになる。そんな朝にはブリの大群が富山湾の定置網に入ることが多く、この大荒れの空模様をブリ起こしと呼んでいる。

おなじように東北の日本海では冬の雷鳴を聞くと「雪起こし」と呼び、ハタハタの大漁が期待される。「♪秋田名物／八森《はちもり》ハタハタ／男鹿《おが》にゃブリコ…」と秋田音頭に歌われている。八森町は合併して八峰町となったが、男鹿市とともに本場のようだ。

ブリコとは魚卵だが、煮た卵をかむとブリッブリッと音がするので名づけられた。

ハタハタは漢字で「鰰・鱩」と書く。そもそもハタハタは古語で「雷が激しく鳴り響く音」の意味。また、はたたがみ（ハタハタ神の転）は、いかずち／稲妻のこと。いかずちは「厳《いか》つ霊《ち》」であり、かみなりは「神鳴り」で雷神の怒りの声だ。つまり、鰰と鱩は「雪起こしの雷」に事寄せた和製漢字である。

湾内では氷見海域で産卵するとみられ、十二〜一月を中心に漁獲されるが量は少ない。食品スーパーなどで、ときどき見かけるものの多くは、山陰地方からの移入品のようだ。地方名はない。

　秋田ではショッツル鍋《なべ》が有名。ショッツルとは塩っ汁の転呼。ハタハタで造った魚醤《ぎょしょう》のこと。能登のイシリ（魚汁《いおじる》の転呼）などとおなじ調味料。むろん鍋の中身はハタハタが主役で、野菜や豆腐を入れて煮込む。新鮮なハタハタで作る馴れずしも郷土グルメ。

　うまい魚だが富山での人気はいま一つ。鱗《うろこ》はなく表面はぬめっとする。骨ばなれがよく、塩焼き・煮付け・干物などで賞味。わが家では酢入り煮。カミさんの得意料理で、褒《ほ》めないとブリブリして、カミ鳴りが…。

ハタハタ（鰰・鱩）Sandfish　ワニギス亜目ハタハタ科

ハリセンボン

針千本

年末はなにかと行事が多く、十二月八日の針供養もその一つ。富山では節季を表し針歳暮と呼んでおり、ハリセンボ／ハッセンボなどと訛《なま》る。使い古した針を餅や豆腐やコンニャクなどに突き刺し、針山・針千本に見立てるのだ。この時期、北西季節風による荒天に見舞われることがあり、「ハリセンボ荒れ」と呼んでいる。

フグの仲間、ハリセンボンは暖海の魚だが、対馬暖流によって富山湾へ運ばれてくる。肉や内臓は無毒だが、沖縄以外では食用にしないようだ。

体の表面が針のような棘《きょく》で覆われている。鱗《うろこ》の変化したもので、驚いたり危険を感じたりすると、胃に水や空気を吸いこんで体をふくらませ、棘を逆立てる。

本当に、棘は千本もあるのだろうか？　お魚博士・津田武美さんの調査では、富山湾に回遊する十五センチ未満の幼魚六百七十三匹の検体の平均が三百五十本あまりで、最高が四百五十二本とか。千本とはかなりサバを読んだものだ。

日本の国には八百万《やおよろず》の神々がおられるそうだが、昔から数の多いことをいうのに、七とか八とかを頭に付けてきた。お江戸八百八町があり、嘘《うそ》八百もそうだ。

ハリセンボンが「サバ読むな。嘘ついたら針千本飲ますぞ」と、誰かに言われたのかどうか知らないが、ハリセンボ荒れのとき、この魚たちの集団身投げ（時化《しけ》により砂浜に打ち上げられる現象）が起きる。本気で、身の潔白を示そうとするのかもしれぬ。

大嘘つき政治家に「針千本飲め」といったら、うまいこと、二枚舌で丸めて飲みこんでしまうたがいね。きっと針地獄へ落ちるチャ。

ハリセンボン（針千本）Balloonfish　フグ目ハリセンボン科

ヒメジ

比売知

神話時代、男の神さまの名前の後には比古《ひこ》（彦）が付けられ、すべての女神は比売《ひめ》（姫）と呼ばれた。それぞれ日子・日女、つまり太陽の子の意味。姫は女子の美称であり、身分の高い女性の名前に添えられる。また、姫小松・姫射干《しゃが》・姫百合《ゆり》のように小さく愛らしいものに付けることもある。

和名ヒメジは「姫」に由来するのだろう。関西方言はヒメチまたはヒメイチ。後者のイチはチの転呼で、和名のジ（ヂ）も同じ。チは本来、小さいもの・可愛《かわい》いものを意味し、乳・母・小児などをいう方言が多い。つまりヒメジは、華やかな体色と小ぶりな体型から「姫っ子」のような呼び名と考える。

富山湾ではオキノジョロウ。一般に「沖の女郎」と書かれるが、「上臈《じょうろう》」だと説く人もいる。上臈とは身分の高い女官のこと。つまり貴婦人の意味だが、上臈＝女郎という下世話な格付けも江戸時代にあったようだ。

湾内では体長一〇センチほどのものが底引き網などで漁獲される。キス釣りの外道で掛かることもある。南方系の魚で春先が旬。味はよく、てんぷら・フライ・南蛮漬け・煮付けなどにする。身が軟らかいので、素焼きしてから味《み》噌《そ》田楽にするとうまい。

県内の人気はいま一つ。ジャケラ（邪気乱＝はではでしい）体色の魚を敬遠する傾向が強いからだろう。県東部ではゾーゴ（雑魚）として売られている。

「姫始め」とは新年に夫婦が初めて睦《むつ》みあうこと。本来は暦の用語で、由来について諸説ある。男女の「秘め事始め」と見たいが、近ごろでは秘め事とは言えない風潮である。

ヒメジ（比売知）Goat fish　スズキ亜目ヒメジ科

ヒラメ

鮃

「♪右手《めて》に血刀、左手《ゆんで》に手綱…」、村田英雄が歌う「雨の田原坂《たばるざか》」の一節。右手は馬手《めて》で、馬の手綱を取る手の意味。左手は弓手《ゆみて》の音便変化。弓を持つ手だが、歌詞は騎馬による西南戦争。利き腕の右で刀を使うため、手綱は左手に持つ。

かつて、幼児に右・左を教えるとき「お箸《はし》を持つ手、お茶碗《わん》を持つ方」と言ったが、近ごろでは左手で箸や鉛筆を持っても気にせず、伸び伸びと育てているようだ。

俗に「左ヒラメの右カレイ」と言われるとおり、平たい体の左側に二つの眼がある。平泳ぎ専門のヒラメの右ひだりをどうして決めるのかということだが、ほかの魚のように内臓のある方を下にすればよい。稚魚のときはふつうの魚とおなじ形だが、孵化《ふか》後一ヶ月で右目が移動を開始し、左側に眼が二つ並ぶ。同時に体も扁平化《へんぺいか》して右に倒れ、ヒラメ型に移行し底生生活に入る。

漢字も「鮃」だが平たい魚だから平魚《め》。県内でミビキメビキと呼ぶ料理人などがいる。俗にいうエンガワ（縁側＝ひれの付け根）の身が薄く捌《さば》きにくいところから、背骨に沿って包丁を入れ、鰭《ひれ》に向かって「身引く」ように下ろすからだと言った人がいる。

沖縄ではカンヌイズ（神の魚。神が片身を食べた魚の意）という。中国では片側を失った魚同士が身を寄せ合い、眼を並べて「比目魚」と呼び、夫婦の契りの固さに例えている。

その話を知ってか知らいでか、ミセスの間で亭主のことを指すのに「うちの彼」という代わりに「うちのヒラメ」というのが流行《はや》りだとか。よく聞いてみるとカレイ（彼）より格が上ということらしい。

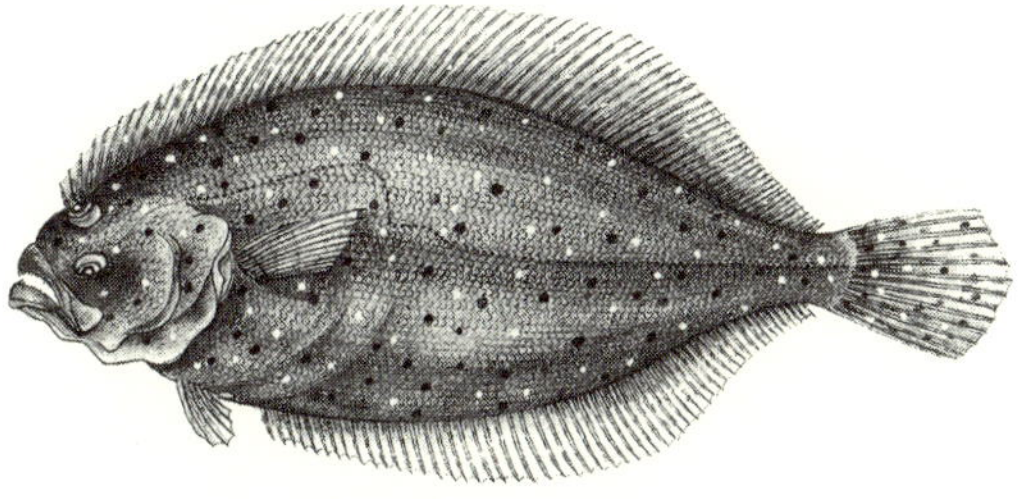

ヒラメ（鮃）Flat fish　カレイ目ヒラメ科

フグ

河豚

仏教で死者の頭を北に向けて安置するのは釈迦入滅《しゃかにゅうめつ》の姿に倣《なら》ってのことだという。その一方で、中国伝来の哲学思想「陰陽五行《いんようごぎょう》」によるという見方がある。木火土金水の五行で、水気に配当される方位は北、色は黒、季節は冬など。これらは死滅を象徴する。すなわち北の方位は「陰」の極致を示すが、次に循環する…東・青・春など「陽」の兆しを包括する。つまり北枕は死者の再生復活を願うお呪《まじな》いというわけだ。

和名キタマクラ（北枕）というフグがいる。関西でフグをテッというのは鉄砲のことで「当たると死ぬ」という隠語。九州でショウサイフグをナゴヤと呼ぶのは、名古屋＝尾張＝終わり…の洒落《しゃれ》。茨城でいうトミは富くじ＝宝くじで、たまには当たる。

このようにフグは毒に当たると死ぬと恐れられてきた。「フグは食いたい命は惜しい」というのが人間心理。資格のあるフグ調理師がさばいたものなら安心。

日本近海には四十種類のフグが生息。湾内で獲れるのは、十種ほどで暖海性のものは少なく、サバフグやゴマフグが中心である。最近、トラフグの養殖が盛んで新しいブランドに育ちつつあるようだ。

フグは九州を中心にフクと呼ぶ。「不具」に通じる語感を嫌うとともに「福」につながるからだと言われるが、朝鮮語ポク（膨れる）に由来するという説に軍配を上げたい。

漢字の「河豚」は中国伝来。揚子江や黄河にうまいメフグがいて、豚肉の味に匹敵するという。中国語で猪はブタのこと。豚は子ブタに当たるので念のため。日中韓三国は漢字文化を共有する。輪廻転生《りんねてんしょう》の考えもおなじだ。北の陰気は東の陽気へ移り、冬の次に春が巡ってくる。

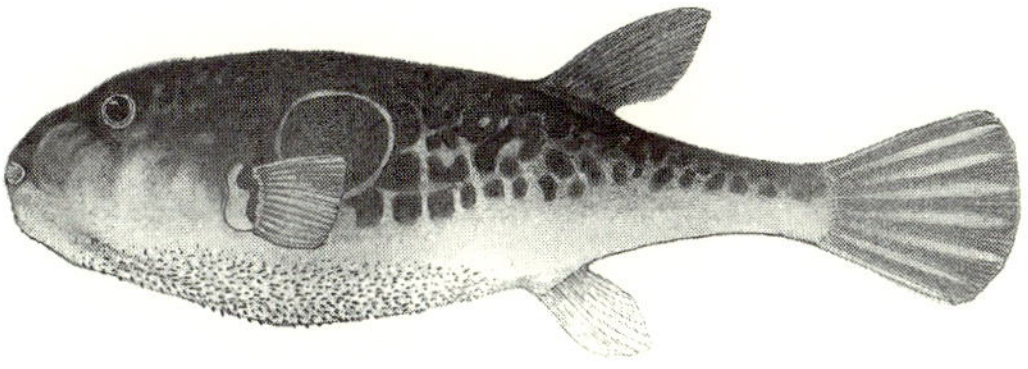

トラフグ（河豚）Tiger puffer　フグ目フグ科

ブリ

鰤

ブリは富山湾の王者。その生い立ちは謎に包まれているものの、九州の五島列島付近で孵化《ふか》した稚魚が餌のプランクトンの集まる流れ藻につくところから、モジャコ（藻雑魚）と呼ばれる。

二、三カ月で一五～二〇センチぐらいに成長し、日本海中部海域を広く回遊する。富山湾内には八月ごろ姿をみせる。この幼魚の方言が県西部でコズクラ、東部ではツバイソ。両者が錯綜《さくそう》する新湊港から富山市四方港あたりが東西境界線のようだ。

ツバイソの呼び名は新潟県上越地方まで。類型ツバスが広く近畿以西に分布する。どうして県西部を飛び越えたのか分からないが、文献は「津走」の字を当てており、海岸線を回遊する習性を表わしているようだ。別の西日本方言「ツバエル（戯れる／騒ぐ）」に由来するという説もあり、幼魚の生態としてうなずける。コズクラのほうは石川（コゾクラ）から福井までの分布だが、語源はまるで見当がつかぬ。

一歳魚になるとフクラギ。「脹脛《ふくらはぎ》」ほどの魚体という意味だろうか。「膨《ふく》ら魚《ぎ》」かもしれぬ。市場では、「福来魚」というめでたい字を当てている。略してラギとも呼ぶ。こちらは「良魚《らぎ》」と当てようか。

少し大きめのものをハマチ（古語・波里萬知《はりまち》の転）という人もいるが、上方の方言。次第に、浸透しつつあるようだ。富山は西日本方言の系譜だが…。

成魚（七～八キロ以上）の少し前―出世魚ブリの大関級―のものをガンドウと呼ぶ。頭の形が「龕灯《がんどう》提灯《ちょうちん》」の紡錘《ぼうすい》形に似るという意味だとすれば、ブリの語源も「頭（つぶり／かぶり＝古語）の上略として納得できるのだが…。

ブリ（鰤）Yellowtail　スズキ亜目アジ科

ホウボウ

魴鮄

君が代・日の丸論争がかしましい。「君」には、①天子または主君の意味はあったが、同時に、②あなた③あのお方、などと使われてきた。『万葉集』に、君が代を「あなたの寿命」の意味で詠んだ歌がある。従って、同胞の長寿や国家が永遠であることを祈る〈君が代〉だと考えればいいのではないだろうか。

ホウボウは、頭が大きく固いことから甲冑魚《かっちゅう》と呼んで武士の間で好まれ、祝い魚として用いられてきた。隣県の石川や新潟でキミイオ・キミヨと呼んでいる。君魚であろう。この場合は奥方からの「わが君」と見たい。格式のある呼び名だ。

ホウボウの名は浮き袋の振動による鳴き声「ボーボー」に由来するというが、ヒキガエルのように「グワッグワッ」と聞こえるという人もいる。

この魚の胸びれは美しい青緑色で、前三条は遊離して指状になり触手の働きをする。これを使い海底を這《は》いながら索餌《さくじ》する。そんなことから「這う這う」が魚名の由来だとする見方もある。因《ちな》みに、湾内の地方名はホウホウと濁らない。

また、近縁種のカナガシラ（金頭）と混称されるが、こちらはホウボウよりも小ぶりで風味は落ちる。地方名のハナガシラは、カナ→ハナの転呼のようだ。白身でよく締まり、刺し身のほか塩焼きや椀《わん》種・鍋《なべ》物などで賞味される。山口県で「カナガシラは嫁に食わせろ」というそうな。頭が大きくて固く、身が少ないのが理由だとか。うわべはともかく、嫁さんは内心ニンマリだろう。

富山でも皮肉をこめて「カナガシラは（頭の固い）年寄りに食わせろ」と言ってくれれば、ありがたいのだが…。

ホウボウ（魴鮄）Bluefin searobin　カジカ目ホウボウ科

ホタルイカ

蛍烏賊

　春は万物生成のとき、芽生えの季節だ。学園や転勤族の別れのシーズンでもある。あの〝蛍の光〟のメロディーに涙を絞るのだが、わが富山湾ではホタルイカの便りが聞かれると冬魚の水揚げはひと区切り。漁場は端境期に入る。

　蛍は万葉集などに登場。語源は「火垂《ほた》る」とみられる。古代人は蛍火の青い光を「怪しき夜の神」と形容したが、神秘性はホタルイカのほうがはるかに上だ。

　湾内ではマツイカと呼ばれてきた。豊漁でさばき切れず肥料にまわされたが、庭木や盆栽の松にあてがうと、葉の緑が美しくなることから名づけられたという。渡瀬庄三郎博士によるホタルイカの命名は一九〇五年。その後も漁場ではコイカ／アカイカとともにマツイカが続投。数年前、松本市内の鮮魚店でマツイカの表示を見かけた。

　名物「龍宮の素麺《そうめん》」はゲソ（下足の略。ほんとうは腕）を刺身で食べるわけだが、ハラワタの生食を避けたのであろう。きれいに始末すれば、食べでがあるのは胴の部分。しゃぶしゃぶや石焼きなども地元では大人気だ。

近ごろでは、生きたホタルイカが酸素入りの容器で全国各地の家庭の食卓にまで届けられる。また、冷凍技術の進歩で味と鮮度を保ち、解凍してそのまま刺し身で食べられるようにもなった。沖漬けをはじめ、さまざまな食品に加工され楽しむことができる。

群遊する海面が国の天然記念物。ブリ、シロエビとともに富山湾《三種の神器》の一つである。

神話時代からつづく、「神秘の海・豊饒の海」の春を「待つイカ」だ。

「なに？　釣りの餌にするがに、待っとった」だと！

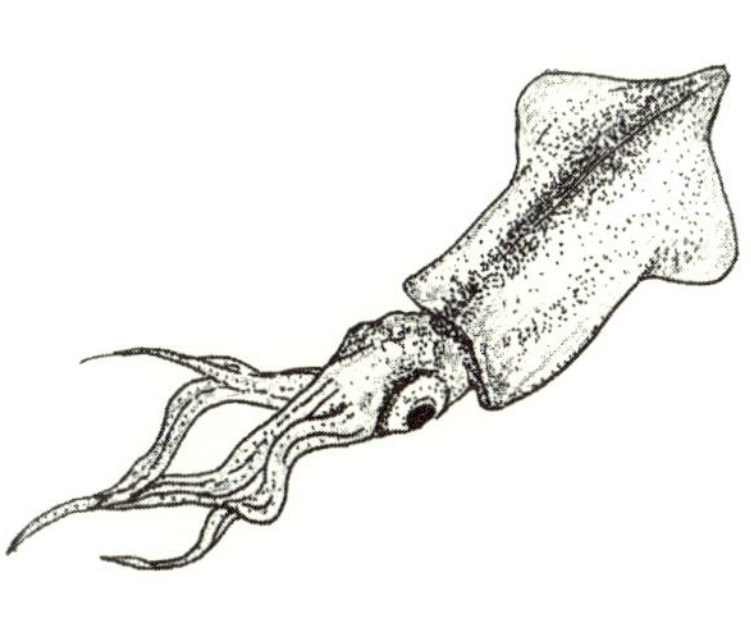

ホタルイカ（蛍烏賊）Firefly squid
ツツイカ目ホタルイカモドキ科

ボラ

鯔

富山弁で、二女以下の娘をオーワ／オバチャン／オバイサなどと呼んだ。語源は、①長子相続の場合、当主にとって先代の次女以下は叔母に当たる。②一生家にとどまって結婚しない女性のこと。当主にとって伯母や叔母になる（『飛騨の方言』岩島周一）。③秋田方言「オバコ＝娘」。産子《うぶこ》（初々しい／若い）の転…の類型などの見方がある。

③の意味で、幼魚をオボコと呼び、「スバシリ→イナ→ボラ→トド」と名前が変わる出世魚が和名ボラである。ボラの体型は胴が太く紡錘型で三〇センチぐらいだが「トドのつまり（最後）」は八〇センチにもなる。近縁種にメナダがいるが体型・体色の違いのほか、ボラの眼に脂瞼《しけん》と呼ばれる透明な膜があり、メナダは未発達で白眼に朱色がかかる。漁師はボラを白眼、メナダを赤眼と呼んで区別する。

『日本書紀』に登場するボラの古名はクチメ（口女？口に赤みがあるとすればメナダか？）とナヨシ（名吉《よし》＝出世魚の意味）。江戸時代、ナヨシは氷見地方の方言だった。

ボラの押し鮨《ずし》が加賀藩台所へ呈上された記録があり、「なよし曲鮓《まがりずし》／窪の曲鮓」と呼んだという（『氷見のさかな』氷見教委編）。

能登の風物詩「ボラの待ち網漁」がある。旬は秋〜冬と言われるが、市場ではあまり見かけない。県内では好まれないようだ。

有名な卵巣の塩干《えんかん》加工食品カラスミは唐墨《からすみ》の意味。中国の古墨《こぼく》は、現在のように長方形ではなくナマコ型だったことによる。

ボラは古代中国の西域語ホラ（角笛）に由来し、法螺《ほら》貝と同源だとする説があるが、ホラ話ではない。

ボラは古代史に登場する名門であり名吉なのだ。

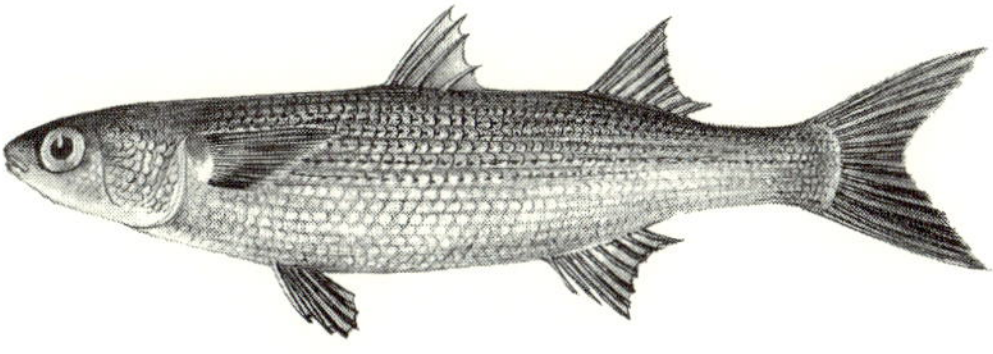

ボラ（鯔）Mullet　ボラ亜目ボラ科

マイワシ

真鰯

『源氏物語』の作者、紫式部は健康で毎朝お通じがあり、うらやましがった同輩が「朝糞《くそ》丸」というあだ名を付けた。彼女は「紫は濃くも浅くも染まるもの〈浅く染まる〉と誰か言ふなり」と歌に詠み、やり返したという。小学校時代の恩師・石黒正仁先生に授業で教わった話。短歌や古典に興味を持った私の原点である。

醤油《しょうゆ》を「むらさき」というのは江戸時代にできた女房詞で、今も現役。室町時代の「むらさき」は、イワシが美味で「鮎（あい＝藍）」にまさる「紫」という筋書きだが、イワシの体色によるものだという説もある。

本流という意味の「真」を冠したマイワシは、県内では単にイワシ。ナナツボシとも呼ぶ。体側の黒色斑点が七個のものが多いためで、七つ星の意味。惣菜魚として、兵隊の位でいうのは古いが、金ぴかの襟章を付けたまさに大将格であろう。

昭和の初め、天秤《てんびん》棒を担いだ行商が「シャッシャミいらんけぇ」と売り歩いていたのは、刺し網で獲れたイワシの意味だった。

ぬた・焼く・煮る・揚げるなど万能選手。加工品として「氷見の干鰯《ひいわし》」は全国ブランドだが、みりん干やコンカヅケ（米糠《ぬか》漬）なども富山ならでの味である

紫式部がイワシ好きだったという逸話がある。当時は下魚の扱い。「下品だこと」とからかわれた彼女が「日の本に斎《いは》はれ給ふ石清水《いわしみず》参らぬ人はあらじと思ふ」と詠む。石清水八幡宮とイワシを掛けたものだが、平安時代の紫式部に室町時代の「むらさき」をこじつけた作り話のようだ…などと書こうものなら、「イワシておけば、いい加減なことを！」と源氏ファンに叱られそうだ。

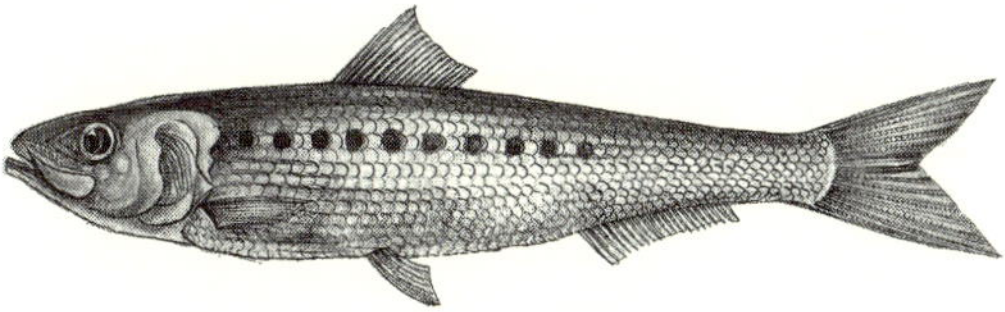

マイワシ（真鰯）Sardine　ニシン目ニシン科

マス

鱒

熟語には約束ごとがある。「紅白」はめでたい色だが、中国語の「紅白事」は吉と凶を意味する。両国とも紅白の順に並べ、白紅という表記はない。サケ科のサケとマスを併記するときは「鮭鱒《けいそん》」で、ふつう鱒鮭の順には書かない。

北洋漁業がなかった時代、食卓に上るのは川でとれる秋のサケ、春のマスだけだった。マスは北海産に加えて外来種が参入。淡水域での交雑種も増えたため、今ではサケとマスの違いを簡単に説明するのはむずかしい。ここでの解説はサケ・マス。

狭い意味でのマスはサクラマスだが、陸封されたものをヤマメと呼ぶ。そして湖や川で一生をおくるアマゴやヒメマス、ニジマス、カワマスなどもマスである。

十世紀ごろから『本草和名』に「鱒、末須《ます》」、『和名抄』にも「鱒、一名赤魚、和名万須《ます》」として登場。キス／シラスという魚名もあるが、マスの語源は、性別のオス・メスやホトトギス、キリギリスなど小動物の語尾「ス」に、本物・本流の「真」がついたものと推考する。

富山名産「ます寿司」は神通川のサクラマスを材料としたのが始まり。明治時代には年間百トン以上も漁獲されていたが、現在は河川工作物や水質の汚濁などにより激減した。湾内では主に氷見や新湊、四方あたりの定置網で春先に漁獲されるものの量は少ない。

母川回帰性の魚はサケとサクラマス。その神秘的な能力にはイキソリマス／ソボレマス。中国でも「尊い魚」と書いて鱒であります。またサクラマスはサケ科に属することから、血脈の宗家を立てながら「鮭鱒」の語順序列にしたがっております。ますますもって、「ます寿司」が好きになってくるがであります。

マス（鱒）Trout　サケ目サケ科

マダイ

真鯛

魚の王様としてマダイの地位はゆるぎない。タイになりたいあやかり族、○○ダイというのが五十種を超える。タイの語源は「平ら魚」の下略。女房詞は「おひら」。マダイには赤ダイ以外の地方名がほとんどない。産卵が終わった初夏のころ、ホッチャレと呼ぶ。身肉がやせて体色がくすみ、味が落ちる。捨ててしまえという意味だ。「花を愛《め》でる／月を賞《め》でる」とは「美しい／すてき」と思って賞美すること。「祝うべき／結構なこと／すばらしい」という意味の「めでたい」は「メデ（愛）イタ（甚）シ」の約転である。祝い魚にマダイを用いるのは、姿が良く、赤いこと。そして「めでたい」と語呂が合うことによる。

小さいもので大きいものを手に入れるように、たいへん得をしたとき「エビでタイを釣った」という。確かにタイ類はエビが好物だ。エビやカニをゆでると赤く変色するのは特殊な色素による。つまりマダイがエビを好んで食べるのは、赤い体色を維持するための美容食ということになる。

ほっとする気持ちを富山弁でアッカリスルという。「明かり」の促転《そくてん》である。雲や霧が晴れて空が明るくなるように、悩みや疑いが取り除かれること。「赤」は「明かり」から出たことば。「晴れ」の場所には紅白の幕が張られ、慶事には赤い縁起物が配られる。

願望を表す助動詞「…たい」。すてきな家に住みたい、おいしいものが食べたい、美しくなりたい…。人間の欲望はきりがない。健康と平穏無事が何よりめでたいのだということを分かっていただきたい。幸せとはタイを知ること、否、「足るを知る」ことだ。

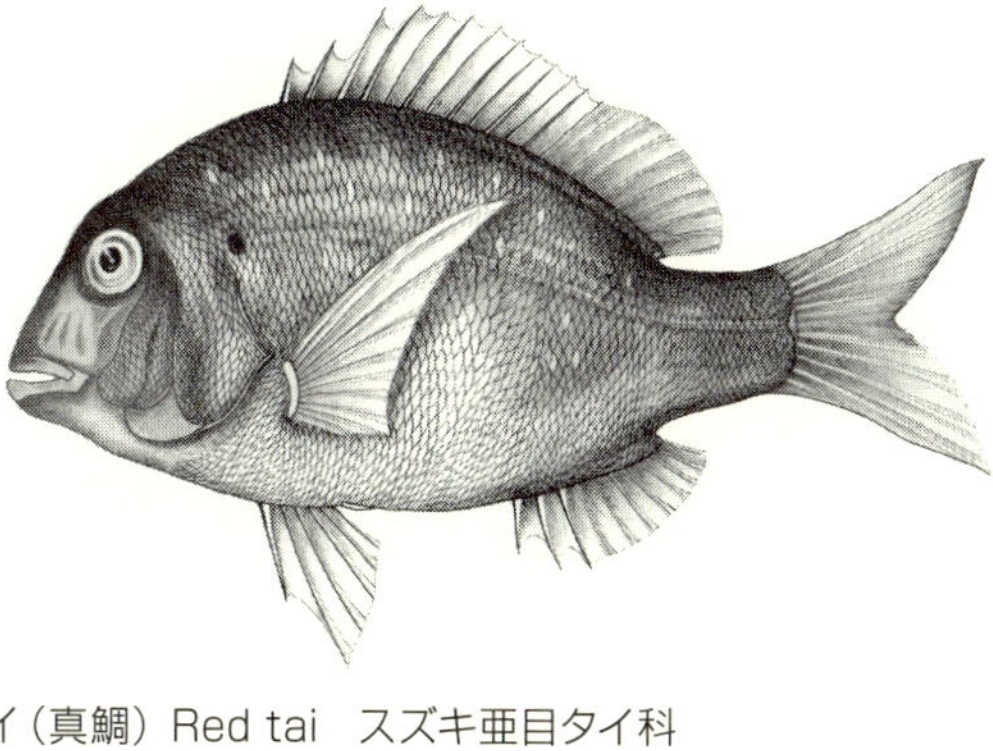

マダイ（真鯛）Red tai　スズキ亜目タイ科

マダラ

真鱈

鱈は雪の降るころが旬。身が雪のように白い魚という会意文字は日本製で、漢字の本家、中国へ逆輸出した。日常語では「大口魚」というそうな。

富山でタラといえばマダラ。体表に斑《まだら》模様があるからマダラだと言った人がいるそうだが、ダラ（バカ）な話だ。そもそも富山弁のエース「ダラ」のルーツがインド・タミール語だとおっしゃったのは大野晋博士(学習院大学)。そして「垂れる／だれる」という意味が根っこにあるとか。そう思ってみると、この魚はだらりと垂れる。また鱈腹《たらふく》食べることを富山では「ダラ食い」という。そんなら、タラはダラなのか？

「コボ／コボダラ＝まだら」の記述があるのは魚津の方言集。青森方言「コボタラ＝腹子も白子も持たない鱈」の移入なのだろうか？　富山市内で売られているコボダラは小ぶりの鱈の干物。こちらは、小棒鱈なのか？『広辞苑』には「棒鱈―①鱈の干物（略）③あほう（略）」とある。どこまでもダラが付きまとう。本稿のダラけた文脈も何とか立て直そう。

ちり鍋、煮つけ、刺し身（昆布〆《じめ》、子付け）など、冬の食卓のすぐれもの。白子の三杯酢などもこたえられない味だ。刺し身の昆布〆は誇るべき食文化だが、水気の多いタラが原点にあったような気がする。子付けのデリケートな味には、生醤油《きじょうゆ》でなく「煎り酒」がおすすめ。おふくろのこだわりだった。

「あの短いパットを入れてタラ…」とか「池ポチャが無けレバ、優勝だった」など、ゴルファーの愚痴を「タラ・レバ」という。愚痴とはダラな繰り言。レバー（肝臓）はビタミンAが豊富で、タラ鍋に入れレバ最高の味になるのだが…。

マダラ（真鱈）Cod　タラ亜目タラ科

マトウダイ

的鯛

富山弁の特徴の一つに鼻濁音の「が」がある。格助詞「の」に相当するもの。共通語でもある。あんたのガ／赤いガ／違うガ／など、使用頻度は日本一なガだガいね。

中国語には日本語の助詞に相当するものが少ない。この「が」に見合うのが「的《ダ》」であろうか。走的人《ツォダレン》＝歩く人。吃的《チィダ》＝食べる物。「俺のガ」と同じ用法の「我的《ウォダ》」も確認・強調の意味になる。もちろん「的」は弓矢や鉄砲の「まと」の意味にも使われる。

和名マトウダイ。体側中央に円紋があり、弓矢の的に見立てた命名のようだが、的と鯛《たい》の間に「ウ」が入っている。この魚は口が大きく、上あごを長く伸ばすことができる。そこでカワハギ科のウマズラハギのように、馬の顔を連想するところから馬頭鯛だという説がある。しかし馬頭観音のように、語頭の馬は「ば」と濁音になる。

実は、江戸時代にマトウヲ（的魚）と呼ばれていた（『梅園魚譜』）。鯛《たい》にあやかってマトウヲダイになり、ヲが弱化したと推理する。

若狭から山陰にかけて、馬頭の意味でバト／バトォと呼んでいる。カネタタキ（鉦叩き）は佐渡と四国・九州の方言。生簀《いけす》に入れておくと、念仏のようにブツブツ声をだすからだとか。

越中および能登・四国などで紋鯛《もんだい》という人がいる。北陸三県の標準語はクルマダイ。中央の円紋を車軸に見立てての車鯛。

砂泥底に生息するが白身で上品な味。好みは昆布〆。近縁種のカガミダイとは格違いのうまさである。

近ごろ、何にでも丁寧語の「お」を付けて良い子ぶる傾向が強い。クルマダイに「お」が付くと…そいガです…そう言って渡されても受取られんガで、特に、公務員が出張のときは、もらったらダメなガです。

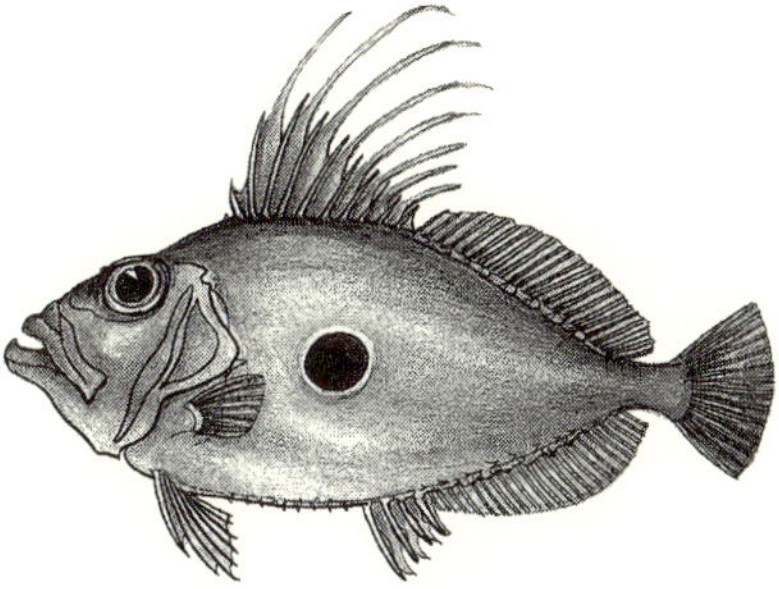

マトウダイ（的鯛）Target dory　マトダイ目マトダイ科

マンボウ

翻車魚

雪女魚《なめ》の白くはかなき身を食えば流人《るにん》のごとき悲しみの湧く　良二

ユキナメとはマンボウのこと。越後の出雲崎あたりの方言だが、島根県でも同じように呼ぶらしい。いみじくも出雲は島根の旧国名。勝手に、雪女魚と字を当ててみた。湾内では秋から冬にかけて定置網に入る。暖流が能登半島沿いに流入するため氷見で多く獲れ、昔は漁師のカブス（水揚げの中から分配される賄い用の雑魚）だったが、近ごろのグルメ人気で切り身にして店頭に並ぶ。

「富山湾を語る会」でマンボウ料理のフルコースを味わった。乙な風味だが、煮るとイカのような食感で何となく頼りない。内臓もすべて食べられる。皮は乳白色で弾力があり固いが、味噌汁に入れるとコンニャク状から次第に透明になる。箸ですくえないほど軟らかくなるが、冷めると半透明にもどる不思議な肉質は、この世の仮そめごとのように果かなく、雪女へと連想がふくらむ。

マンボウは「丸い魚→マルイオ→マンイボ→マンボ」の転呼と推考する。湾内ではクイサメ。因みに「杭《くい》」の語源は「食い込む」だから、体の後ろ半分がめり込んだと考えたのだろうか？

サメとは鮫《さめ》なのか？孵化《ふか》直後は尾鰭《おびれ》を持ち、後方の体表に小さな棘《きょく》ができる。それを鮫肌に見立てたものか。動きも体つきもあまり似てないようだが…。

あるいは鮫に食われたというのだろうか？

魚類としては珍しくマンボウには目蓋《まぶた》がある。昔は突きん棒漁。銛《もり》で仕留めたとき、口から水を吐きながら、ゲーと鳴き瞑目《めいもく》したという。雪女は欺瞞《ぎまん》に満ちた人間の世界を見たくないと言ってるようだ。

マンボウ（翻車魚）Mola　フグ目マンボウ科

ミシマオコゼ

三島騰

姑《しゅうとめ》の嫁いびりは昔の話。ちかごろのドラマでは、嫁が姑をいじめる筋書きが基本パターンとか。昔風の意地悪婆さんそっくりの魚が今回の主人公。歯の抜けた下あごを突きだし、上目づかいに睨《にら》みつけるご面相。ミシマオコゼをヨメセセリ(嫁いびり)／ヨメソシリ(悪口を言う)と呼ぶのは若狭湾から出雲市・萩市あたりまで。

ミシマの由来は、俗謡にも歌われた三島女郎衆(接客婦)が不美人ぞろいだったとする説が有力。ずばり、ミシマジョロと呼ぶ地方もある。ところが、瀬戸内海に実在する島の名前を冠する「沼《ぬ》島オコゼ、野《の》島オコゼ、武《む》島オコゼ」など、類似の地方名があって面倒。この先、元祖争いなど起こらねばよいが…。

オコゼのほうは、毒性の棘《きょく》をもつ醜い姿に対する呼び名。彼女の鰓蓋《えらぶた》の上方背面にある一対の鋭く大きい棘を牛の角に見立て、新湊〜富山ではウシと呼んできた。県東部ではウシサカンボとも。サカンボは「下がり棒」の転呼で、つらら(氷柱)

の東北方言。ウシアンコ（鮟鱇）もある。富山・滑川ではアマンボ。アマは女性の意味で「女魚《あまいお》」の転呼だろう。

　砂泥底にもぐり眼だけをのぞかせ、近づいた小魚をパクリと食べる習性で進化（？）した奇妙な顔つき。英語名はジャパニーズ・スターゲイザー（星を見つめる人）と詩的ではあるが…日本の天文家は、みなさんそんな顔？であるはずがない！

　よく締まった白身で新鮮なら刺身もいけるが、傷《いた》みが早く惣菜用。県東部ではゾーゴ（古訓雑魚《ざふご》の転）の名前で売られている。

　味噌《みそ》汁にすると、妊婦のお乳の出がよくなるそうな。昔、オトロシカッタ姑はんに教えてもろたがやチャ。

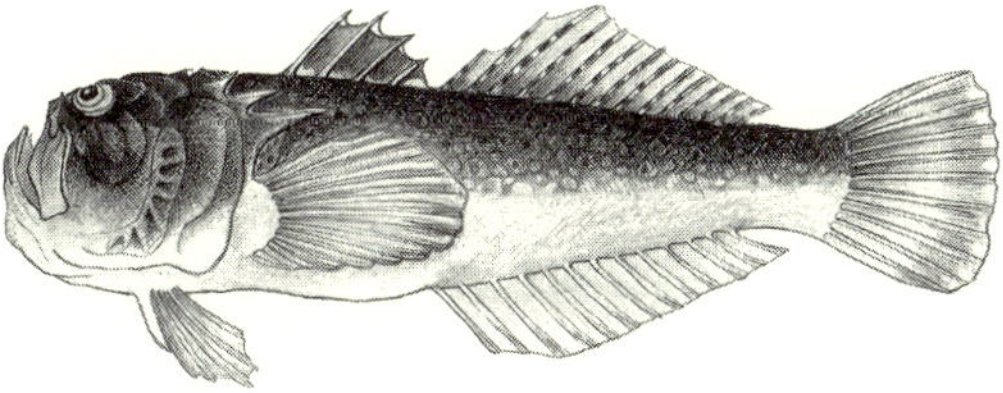

ミシマオコゼ（三島䲢）Japanese stargazer
スズキ亜目ミシマオコゼ科

ムツ　鯥

正月の和名は睦月《むつき》。家族や親類が正月に集まって、仲睦《むつ》まじく過ごす意味だとする見方が一般的だ。『下学集』に「新春親類相依娯楽遊宴、故睦月也」とある。

その一方で、《古来の陰陽五行説にもとづく易の卦《け》で「地天泰《ちてんたい》」は、六十四卦中、最も吉祥《きっしょう》とされる。これは天地が倒置し、陰が上に陽が下にある形。『禮記・月令』に書かれている「この月は天気下降し、地気上昇し、天地和同し、草木萌動《ほうどう》する」に準拠し、天地・陰陽和合の意味で睦月だとする》吉野裕子博士の説がある。

訳ありの「睦」の字を当ててもらった魚がムツ。ところが、神奈川ではオンシラズ（恩知らず）と厳しい。幼魚期は沿岸の浅い藻場で暮らし、二〇〇メートル以上の深海にいる親のもとへ行かないのが理由。仲睦まじい親子とは言えない。

目玉が大きい。成長につれて、背中の色が黄褐色～茶褐色～黒紫褐色と変化する。成魚は黒っぽく見えるので、湾内ではカラス。近縁種（または変種）のクロムツとの混称で、カラスダイ／カラスギョースンとも呼ぶ。氷見ではメダイだが、和名メダイは別種。

寒ムツと称し、珍重する地方もあるくらい冬場は脂が乗ってうまい。刺し身・焼き・煮付けなど。そんな訳でむっちり脂の乗った魚というのが名前の由来だろう。決してムッツリではない。あとに「助平」が付くと厄介で、男性からも女性からも容認されにくい。

仙台地方では、領主・伊達陸奥守《むつのかみ》を呼び捨てにしては失礼だと、ムツを六と読み替え、ロク／ロクノイオと呼ぶそうな。領民が領主を選べなかった時代。子どもも親を選べぬ。

ムツ（鯥）Japanese bulefish　スズキ亜目ムツ科

メジナ

目仁奈

「在所のクマネコには勝てん」という独特の言い回しがある。地元の事情に精通している土着のものにはかなわないということで、熊猫とは黒猫。顔や毛並みの黒いものをクマという。「クマネコみたいな顔だがいね、すぐ風呂へ行ってこられ！」となる。

メジナは目の位置が吻《ふん》（唇）に近いことから「目近魚《めぢかな》」の略転。タイのような体形で、鱗《うろこ》の一つ一つの基部に黒色点があるため、青みがかった黒色をしている。

クロダイ釣りの外道とするむきもあるが、黒部でクマダイまたはクロダイ。新湊・高岡あたりではクロと呼ばれている。また、釣り上げた瞬間は青光りしていることから、アオイオ（魚津）とも。釣り人には、引きの強さで人気がある。

近縁種のクロメジナは鰓蓋《えらぶた》の周辺が黒色。うろこは小さくて数が多いものの、メジナのような基部の黒色点がなく、全体に褐色を帯びる。混称もあるようだが、新潟県境あたりではクロコと呼んでいる。

黒部でツカイ（使い）、氷見でツカイダイというのはサケノツカイ／サケノツカイダイ（富山）のこと。秋口に、ふるさと回帰のサケが戻ってくるころに、メジナが釣れ始めることから「サケの使者・先触れ」の意味だ。県東部でサカヅキイボというのも「サケ付き（従う）魚」の転呼と考えられる。

「カタイモン（おりこうさん）だねぇ、お使いに行ってこられ。オテマ（手間・お駄賃）ぁげるさかい」と言われても、ゆとり教育とやらのおかげで、学習塾やお稽古《けいこ》に忙しい子どもたちは親の言いつけを聞こうとはしない。「お使い」ということばも消えるのか？

メジナ（目仁奈）Largescale blackfish　スズキ亜目メジナ科

メダイ

眼鯛

富山でメロといえば女性に対する蔑称《べっしょう》だったが、今どきそんなことを言ったらたいへんな目にあう。ただし、半世紀ほど前には西日本や東北などでも使われていた方言で、女童《めわらわ》／女等《めら》→女郎《めろう》あたりが語源とみられる。野郎の対語とも言えようか。

伊豆地方から四国にかけてが本場のメダイは、冬場が旬。富山では、ブリのような紡錘《ぼうすい》形の精悍《せいかん》な感じの魚に人気があるためだろうか市場であまり見かけず、一匹まるごと売られていることは少ない。

イボダイの仲間で、体型は長楕円形《ちょうだえんけい》。吻《ふん》、つまり鼻先が丸みを帯びて愛きょうのある顔というか、なんとなく女性っぽい印象でもある。体色も幼魚の青から成魚の赤まで、さまざまに変化するあたりは、お色なおしの好きな女性のようだ。

だが女《め》ダイではなく、大きな目の特徴から目ダイ。魚事典などは眼を当てる。目は象形文字、眼の旁《つくり》「艮《こん》」は丸いという意味だから、眼のほうがぴったりかもね。

関西・四国の地方名はダルマ。目玉をむき、ずんぐりした頭の格好はぴったり。室戸地方のメナは目魚《めな》。なぜか和歌山ではバカ。ダラにしたものではないと思うのだが…。

深海性の魚だけに脂が乗ってうまい。新鮮なら刺し身。焼き物、煮付け、揚げ物や鍋料理にも向く万能選手。いうなれば、脂の乗った中年増…こりゃ失礼。

女性を意味する蔑称、アマ／アマッコ（少女）もあった。東アジアの外国人家庭の家政婦・乳母の呼び名で古手の外来語。元は中国語の阿媽《アマ》。今どき「このアマ！」などと言おうものなら大目玉をくらいますぞ。

メダイ（眼鯛）Japanese butterfish　イボダイ亜目イボダイ科

メダカ

目高

「歌は世につれ、世は歌につれ」というが、唱歌も例外ではない。歌詞が時代の風潮に合わないものや古文調のものは敬遠される。懐かしい「♪雀《すずめ》の学校は（略）ムチを振り振りチイパッパ」。教師がムチを振るうのはもってのほかでお蔵入り。「♪メダカの学校は（略）だれが生徒か先生か」。教師が子どもの目線で接し、優しい先生に人気が集まるという昨今だが、友だち気分で敬語を使わないのも困る。

メダカは北海道を除く日本各地の農業用水など、流れの緩やかなところに群れを作って生息する。淡水魚の中で最も小さく、体長三センチほど。子どもたちにも親しまれ、生態はよく知られる。地方名も多く、かつては全国で二千三百を超えると言われた。

和名のメダカは東京方言。下町のメザカは目高と目雑魚《ざこ》の混合型で、メダコ／タカメなど各地に類型がある。ザコ／コザッコ／メザコ／ウオゴ／カワイコなどは雑魚・

小魚系。メンパチ／メバル／メブト／ウルメなどは大きい目の特徴をとらえている。

古いところでは…水面を活発に泳ぐからウキザコ／ウキッコ／ウキバエ（鮠《はや》）。水田にいるからタウオ／タバヤ／タンボザッコ…などさまざま。

このほか、小さいとか細いという意味で線香・釘《くぎ》・針をもじるなど、子どもの発想は自由で楽しい。

先ごろ宇宙旅行を体験したニホンメダカが、仲間うちで「鼻高メダカ」と呼ばれているとか。

教育に体罰などはもってのほかだが、優しいだけで子どもは育たない。家庭でも学校でも、社会でも甘やかされすぎる日本人。大人になれない小雑魚のような若者が目立つ。

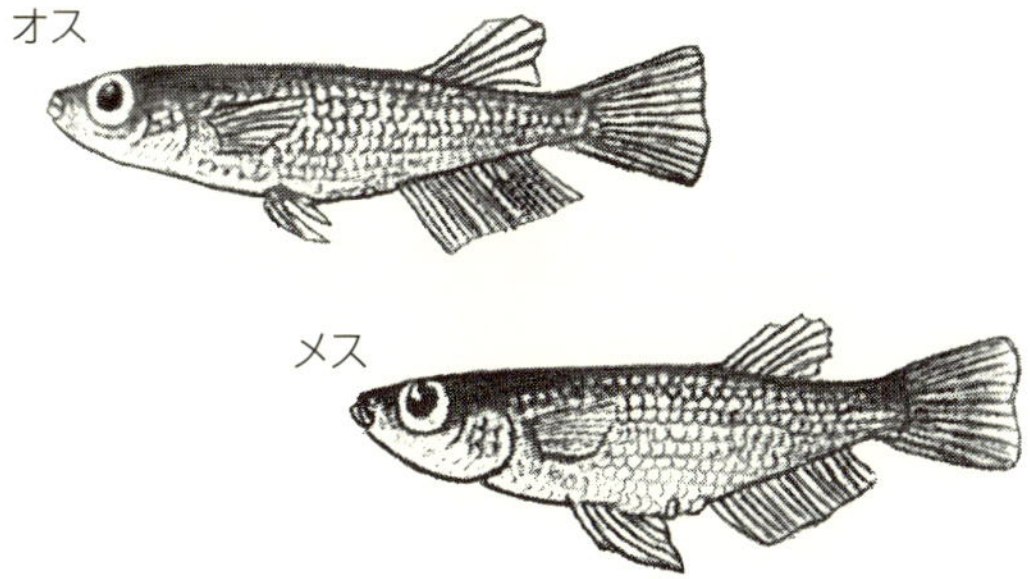

メダカ（目高）Japanese rice fish　ダツ目メダカ科

メバル

目張

氷見・新湊あたりにハチメクワズという方言があり、小矢部市ではヤキモンクワズ。昔の婚礼は家で行われた。祝い魚は尾頭つきの鯛というのが一般的だが、値段も高く数もそろわないので、ハチメの焼き物で代用した。そして婿《むこ》取りの披露宴だけ、花嫁は宴席に出ないのがしきたりだったらしい。つまり花嫁はハチメが食べられなかったのである。方言の意味は「カカア天下、世間知らず」という皮肉がこめられていたというから辛辣《しんらつ》だ。こればっかりは「古き良き時代」とは言えまい。

ハチメ・ハツメは湾内の地方名で、メバル／メヌケ／ソイ／カサゴ類など十種以上の混称である。混称の魚種が多ければ多いだけハチメは一年中手に入れやすいことになる。これらの魚は見開いた大きな目が特徴。鉢目（丸い）／発目（開く）でもよいが、末広がりの八目のほうが祝い魚にふさわしい。

メバルは「目張る」だろう。県東部でツヅノメ／ツジノメと呼ぶ。ツヅは筒（丸いもの）が本来の意味。万葉集で「つづ」は星粒として歌に詠まれており、ツヅノメ（目）は詩的な名前だ。氷見では茶バチメと呼び、黄色味を帯びたものは金バチメ。味がいいので、「ハチメの王様」と人気が高い。

また、トゴットメバルとウスメバルだけは、ヤナギバチメと呼ぶ。柳葉に似た体型の連想だろう。深海性のメヌケは、水揚げされると急速な減圧で目玉が飛び出すから「目抜け」。

ハチメクワズのことを滑川市ではエメゾマタガズという。エメゾとは側溝の方言。それをまたいで外に出ない、…家付きの娘・婿取り・世間知らず…これ以上書くと、教育的指導か警告の判定を受けそうだ。

トゴットメバル（戸毎目張）Joyner stingfish
カサゴ目フサカサゴ科

モクズガニ

藻屑蟹

古里訛《なま》りの話は人情の肌理《きめ》までが伝わってくる。年に数回、暖簾《のれん》をくぐる小さな飲み屋「ひょうたん」。常連のNさんは穏やかな人柄だが語り口に味がある。「小矢部の下流《しも》にブッタイ（竹製の漁具）当てて、刀利《とうり》の魚を捕《つか》ますような話やのう」といった調子だ。回りくどい話への明快な切り返しである。

舞台の高岡市福岡町から刀利ダムまでは三〇キロ。骨太でユニークな比喩《ひゆ》だ。小矢部川は砺波平野をゆったりと流れ、水量が豊かで川魚漁が盛んに行われてきた。

モクズガニは、日本各地の磯から河口、さらには河川上流まで広範囲に生息する。漁業として成り立つのは中流域。川蟹として広く知られている。小矢部市から高岡市にかけて、十月から四月いっぱいが漁期である。

夜行性のカニの動きを読み、日暮れに網を仕掛け、翌朝引き上げる。昔は竹製筒状の漁具だったが、今は繊維の袋網。一度入ると出られない仕組みになっている。

モクズの藻は、このカニが雑食性で川藻や海藻を食べるので分かるが、藻屑だとゴミ芥《あくた》の意味になる。県東部で、モクガニ／ムクガンというのもモクズの転呼だろう。氷見のケムクガニなどは、ハサミにある毛の束を「毛むくじゃら」と言ってるようだ。

ゆでて甲羅の中の身と肝膵臓《すいぞう》などを食べるが、味噌《みそ》汁にしてもうまい。十分に火を通すことが肝心だ。

毎夕、カニの通り道に網を仕掛けるのは根気が要るしごと。単純にみえて奥が深い。

山と海は川で結ばれ気象循環の因果をなす。人の気性は古里の自然と人情に育《はぐく》まれる。

モクズガニ（藻屑蟹）Japanese mitten crab
十脚目イワガニ科

ヤリイカ

槍烏賊

「猫にご飯を作ってアゲル／ファンの人たちが私を応援してクレル／自分をほめてアゲル」これが今どきの標準語だ。昔の廓《くるわ》ことばじゃあるまいし、草花への「水ヤリ」が「水アゲ」になるのか…困ったものだ。とにかく、ヤル・アゲル／クレル・モラウ・クダサル・イタダクの使い分けが怪しい。お坊ちゃん総理もお母さまからモラッタかどうか覚えてないというしねぇ。

日本海・頭足族《とうそくぞく》きっての家柄、槍一筋のヤリイカ甚胴之介《じんどうのすけ》はさすがなもの。やりたい放題でも、やりっ放しでもない。血統はジンドウイカ科。胴は細く、槍の穂先を思わせる体形のDNAを受け継いでいて、雄は体長四〇センチにもなる。雌は三〇センチ止まりで胴が太く、中年太りが心配だと、イカサマ新聞は伝えている。

体形もさることながら、味はイカ族ナンバーワン。スルメイカより身が薄く、鮮度がよければ刺し身にかぎる。釣りたての糸作りが喉《のど》を通るときは、福沢諭吉や樋口一葉、野口英世のことなどすっかり忘れてしまうだろう。

小ぶりのものはワタを抜いて丸ごと煮付ける。近ごろのイカサマ政治家を見ていると砂を噛む思いがするようだから、トンビ（頭）の先を切って砂を洗い流すように。だがイカ類は真水を当てすぎると身が硬くなり、味も染みこみにくくなる。煮すぎ・焼きすぎ・やりすぎ・セクハラなどにも注意しよう。

日本人は優しさにこだわる。「してヤル」ではなく「してアゲル」と言いたいのだろう。男の優しさを背中で語れない…そんなあなたへ贈る川柳がある。

してあげた「のに」つけるから苦しいの

野地タカ子（福島県）

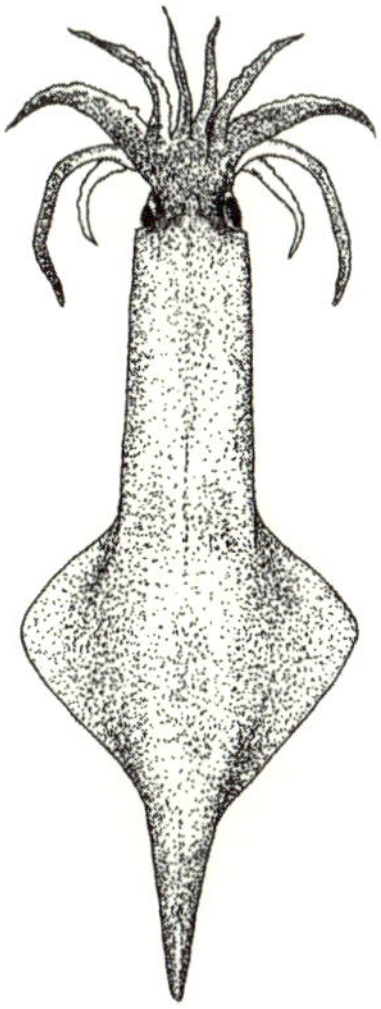

ヤリイカ（槍烏賊）Spear squid
ツツイカ目ヤリイカ科(ジンドウイカ科)

あとがき

本書は二〇〇三年十月から二年間、北日本新聞に連載した『キトキト魚名考』の中から選んだ八十篇のエッセイ集である。一九九四年、おなじテーマで執筆した『魚ごころ人ごころ』のリニューアル版だが、内容を一新するとともに、その後の研究により「イシナギ（石投）」や「マトウダイ（的鯛）」の和名の由来にたどりつき、「ウグイ（石斑魚）」と「カツオ（鰹）」などの語源についても新たな推論を組みあげた。それぞれに手ごたえを感じており、斯界の先学の慧眼に触れる機会があれば幸いである。

カットは、郷土の魚類研究の泰斗・津田武美先生の『原色日本海魚類図鑑』（桂書房）掲載画を使用させて頂いた。淡水魚・いか・たこ、甲殻類・貝類は、長男・宗夫の筆による。なお、書名の「キトキト」とは魚などの「新鮮さ」をいう富山の方言である。

二〇一〇年盛夏　　著　者

著者略歴

蓑島 良二（みのしま りょうじ）

富山県高岡市福岡町出身。1930年7月27日生まれ。

早稲田大学第一法学部卒業。

方言研究家（富山民俗の会会員）・エッセイスト・歌人。

富山県未来財団「とやまの方言を考える会」委員。NHK富山放送局「ふるさと日本のことば」県域監修者。KNBラジオ・パーソナリティ（1995年4月～1999年3月）

〔著書〕『おらっちゃらっちゃの富山弁』、『富山弁またい抄』、『日 本のまんなか富山弁』、『魚ごころ人ごころ』（北日本新聞社）
詩文集（編著）『アンソロジー朝のおと』（北日本新聞社）

〔住所〕〒930-0847富山市曙町6-23

とやま
キトキト魚名考

平成22年9月15日発行

著　　者　蓑島 良二

口　　絵　津田 武美/蓑島 宗夫（淡水魚・甲殻類・頭足類）

発 行 者　河合 隆

発 行 所　北日本新聞社
〒930-0094 富山市安住町 2 番14号
電話　076(445)3352
FAX　076(445)3591
振替口座　00780-6-450

編集制作　（株）北日本新聞開発センター

印 刷 所　北日本印刷（株）

定価はカバーに表示してあります。

©蓑島 良二
ISBN978-4-86175-049-6　C0229　Y952E
＊乱丁、落丁本がありましたら、お取り替えいたします。
＊許可無く転載、複製を禁じます。